科学 KEXUE 原来这样学

YUANLAI ZHEYANG XUE

物理运转的秘密

郑永春　主编

陈征　著

浙江少年儿童出版社·杭州

图书在版编目(CIP)数据

物理运转的秘密/陈征著；郑永春主编. —杭州：浙江少年儿童出版社，2020.12(2022.11 重印)
(科学原来这样学)
ISBN 978-7-5597-2221-8

Ⅰ.①物… Ⅱ.①陈… ②郑… Ⅲ.①物理学—少儿读物 Ⅳ.①O4-49

中国版本图书馆 CIP 数据核字(2020)第 223047 号

科学原来这样学

物理运转的秘密

WULI YUNZHUAN DE MIMI

陈征/著 郑永春/主编

责任编辑 刘迎曦
美术编辑 成慕姣
版式设计 杭州红羽文化创意有限公司
内文插图 彭 媛
责任校对 马艾琳
责任印制 孙 诚
出版发行 浙江少年儿童出版社
地 址 杭州市天目山路 40 号
印 刷 杭州长命印刷有限公司
经 销 全国各地新华书店
开 本 710mm×1000mm 1/16
印 张 10.75
字 数 80000
印 数 8001—11000
版 次 2020 年 12 月第 1 版
印 次 2022 年 11 月第 2 次印刷
书 号 ISBN 978-7-5597-2221-8
定 价 35.00 元

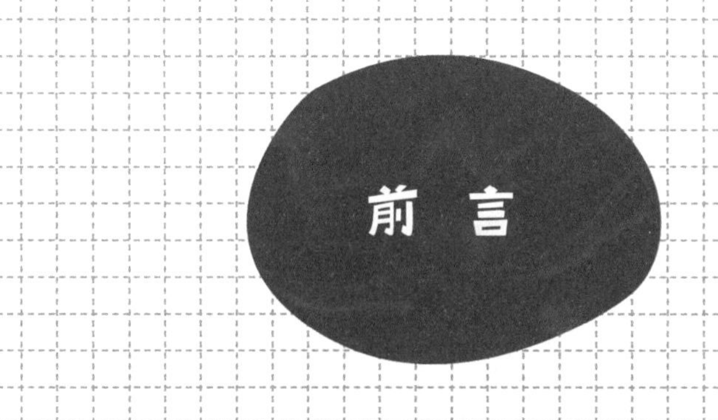

前 言

科普是“科”和“普”的结合，科普以“科”打头，但关键在“普”。科普的英文翻译之一——science communication，本意是科学的传播和交流。因此，要做好科普，就要把科学与日常生活联系起来，从身边的例子讲起，把冷冰冰的、难以理解的知识，用艺术化的方式表达出来，使其更加“美观”、更加“抓心”、更加“温暖”、更加“接地气”。如此一来，日积月累，可见水滴石穿之功；曲径通幽，必现豁然开朗之境。

学会像科学家一样思考，是科学教育的精髓

郑永春

自2017年9月1日起，我国开始从小学一年级起在义务教育阶段全面开设科学课，这对于提高全民科学素养、为建设创新型国家奠定教育基础至关重要。但我们也应当理性客观地认识到，我国的教育体系此前并没有系统性开展科学教育的传统。在我看来，由于缺乏人才队伍的建设和相关经验的积累，科学教育在中国还面临着许多问题、困难和挑战。

一、面临的问题

1. 缺少专业化的科学教师队伍

目前，各级师范院校中开设了专门的科学教育专业的并不多。教育系统的科学教研员和科学教师大多是从其他岗位转过来的，从业时间不长。据不完全统计，80%的科学教师没有理工科的专业背景，他们对“科学的本质是什么”“科学家是如何思考的”这两个关键问题的理解不深。在这种情况下，怎样才能上好科学课？

2. 科学家在科学教育中缺位

中小学教育与科技界之间的“两张皮”现象颇为严重：探月工程、载人航天、“蛟龙”入海、南极科考等科研领域的最新进展，在科学教育中鲜有体现；科研机构、高等院校与中小学之间、科学家与科学教师之间缺乏足够的沟通和交流。

3. 科学课在教育系统中地位低

科学教育在中国还是新生事物，没有得到应有的重视。科学课在很多学校都是边缘学科，与语、数、外等“主课”相比，显得可有可无。

唯有正视科学教育目前存在的问题，请进来，走出去，广开门路，促进科技界与教育界的密切互动，才能有效地提升科学教育的质量和水平。

二、存在的困难

1. 科学教育谁来做

在科学教育中，科学家负责回答教什么、学什么的问题，设计学习内容；科学教师负责解决怎么教、怎么学的问题，设计学习进阶。两者合力，相辅相成，才能共创科教未来。应将科学家的科学精神、科学态度、科学思维、科学方法与科学教师的教育理念、教学手段相融合，让科学课变成一门学生喜爱、学有所得并发自内心地主动学习的课程，成为学生的快乐源泉。

2. 科学教师如何做

（1）作为一名科学教师，首先应该要成为一名科学爱好者。只有自己对科学有兴趣，爱科学、懂科学，才有资格和说服力去教学生学科学。如果科学教师本身对科学不感兴趣，是科学的门外汉，只知其然而不知其所以然，那么教科学的结果不仅不能激发学生的兴趣，还会适得其反。

（2）作为一名科学教师，不仅要教给学生科学知识，还要教他们学会科学精神、科学思维、科学方法。教师是学生的启蒙者，正所谓“师者，所以传道受业解惑也”。科学教师向学生传授准确的科学知识、培养创造性思维、训练发现新知识的方法，这对学生未来的发展有着深远的影响。

（3）作为一名科学教师，应当积极主动与科学家沟通、交流，要树立自信，“敢”于同科学家对话，向科学家发问。只有多沟通、多探讨，才能充分了解科学家的思维方式和科学方法，并将其运用到教学工作中。正如萧伯纳所说：“如果你有一个苹果，我有一个苹果，彼此交换，我们每个人仍只有一个苹果；如果你有一种思想，我有一种思想，彼此交换，我们每个人就有了两种思想，甚至多于两种思想。”

（4）作为一名科学教师，应致力于提升自身的科学素养。不仅要经常参加科学讲座、科普活动，更要抱着学习、取经的心态，争取多参与一些科学研究课题。只有亲历科学研究的过程，才能更好地理解科学思维、科学方法，并将其付诸实践。

3. 科学家如何做

（1）要树立社会责任感，关注基础教育，尤其是科学教育，把传播科学、启蒙后辈作为自己应尽的社会责任。

（2）要积极参与中小学教材编写、中高考命题、基础教育课程标准制定、课程质量评估和教材审查等工作，提升教学内容的科学性、准确性，帮助科学教师明确教学目标，科学合理地分配教学任务。

（3）要走出实验室、象牙塔，走进中小学的一线教学阵地，切实了解当前中小学科学教育的现状、存在的问题和面临的挑战，积极踊跃地提出富有建设性的意见和建议。

三、科学研究对科学教育的启示

科学研究虽然没有固定的范式，但大致要经历几个步骤：在发现问题、提出问题、解决问题的过程中，经历查阅文献→调查研究→设计实验→开展实验→分析实验结果→提出结论→验证结论等步骤。有些步骤甚至要反复进行多次，才能逐渐逼近较为科学的答案。具体过程会因问题的不同而稍有差异，但整体的逻辑是相似的。

1. 聚焦核心问题，采用不同方法

对于科学教育，不能完全照搬或模仿科学家的研究过程，而应在保证科学严谨、逻辑清晰的前提下，对研究过程进行简化，以更好地适应中小学不同阶段的教学需求，灵活变通，因“人”制宜。

2. 注重思维训练，反复锻炼提高

反复的实验和论证使研究结果更加精准，经得起时间的检验。科研过程看似简单，但一步步坚持做下来，需要持之以恒的毅力、滴水穿石的耐心、批判质疑的精神和不怕失败的强大内心。科学思维、科学方法是无法速成的，而是在具体实践中反复训练、逐渐养成的习惯。

3. 注重探索过程，提高综合能力

以提升核心素养为目的的科学教育重在过程，不必陷入对具体知识的纠结，应认真践行规范化、流程化的科研训练。因为科学的实证精神是反直觉的，科学方法只能在实践中反复训练而成。科学教育旨在培养学生的科学思维和科学方法，使他们学会探索未知。

科学研究是一个发现问题、解决问题的过程。它不仅能锻炼学生分析和解决问题的能力、逻辑思维能力、总结归纳能力、团结协作能力等，还能帮助学生养成严谨的科学态度，在潜移默化中，让科学探究成为他们的思维方式、具体行为，并逐渐内化为良好的科学素养。

四、迎难而上，科学教育怎么做

不同于大学生或研究生阶段的科学研究，中小学生的科学探究可简化为“发现问题→分析问题→解决问题→得出结论→汇报成果”的过程。但有几点需要注意：

（1）提出的问题不应是泛泛的或过于专业的问题。应鼓励学生留心观察日常生活中的点点滴滴，从中发现问题，以激发学生思考的兴趣和探索的热情。

（2）在解决问题的过程中，科学教师应从专业角度给予一定的引导和指导，同时也要充分发挥学生的主观能动性。

（3）学生在进行科学探究时，应定期向科学教师汇报自己的研究进展。科学教师要给予学生充分的展示和陈述的机会。当学生得到认同和鼓励时，就会更有动力、更有兴趣继续做下去，同时也锻炼了表达和演讲能力。

（4）科学课的考核评价方式也很重要——不是机械地给期末考试打分，也不是收到报告就应付了事，而应关注学生的探究过程，发现其中的亮点并给予鼓励，指出存在的问题和不足，并提出未来改进和提高的方向，使学习成果得到升华，让学生们不仅学科学、爱科学，还会用科学，学有所得，学有所期。

通过物理，读懂世界

陈征

我有一双可爱的儿女，两个人从体形到性格爱好都迥然不同，可他们在各自一岁多的时候，却都曾有过一个完全相同的爱好——按开关。当他们发现墙上有个小东西好像和屋子里光线的明暗有关时，就会不停地尝试：按一下屋子里变得明亮，再按一下回到原来的样子，再按一下屋子里又亮起来……他们在尝试的过程中还伴随着发自内心的欢笑，仿佛这是世界上最好玩的事情。如果不被打断，他们能足足玩一两个小时。我把这个发现告诉我的妈妈，妈妈说我一岁多的时候，也有完全相同的爱好，只不过那时的电灯开关不是按钮而是拉绳。我还无数次因为太用力而拉断了拉绳，给爸爸添了不少麻烦。我又问了我爱人和许多周围的朋友，结果发现许多人都有相似的经历。

每个人都有与生俱来的好奇心，上述现象或许就是其中一个例证。好奇心驱使人类从远古时代就开始不断探索自己生活其中的大自然，寻找各种现象背后的规律，帮助人们预判可能存在的危险，从而趋吉避凶，提高生存和繁衍的可能性。或者应该这么说：可能一开始并不是所有人类都具有好奇心，但在漫长而残酷的生命演化过程中，那些没有好奇心的族群，因为不关心周围环境，不探寻自然的规律而缺乏趋吉避凶的能力。于是在一次次猛兽袭击或天灾、瘟疫中，这些族群渐渐凋零。最终，我们这些天生具有好奇心的人类在“物竞天择，适者生存”的自然选择中胜出，成为了万物之灵长。

近几百年建立的自然科学，就是在这与生俱来的好奇心的驱动下建立起来的。特别是物理学，因为引入了严谨的数学语言和实验方法，让人们对自然界的认识达到了前所未有的高度。牛顿力学探索出了天地、日月星辰和地面上的事物都遵循的相同规律；蒸汽机的发明和热力学的发展相互交织，开启了工业革命，带领人类进入工业文明；电磁学的进步让我们有了发电机、电灯、电动机械，开启了电气时代，电磁波的发现和应用更让我们能够享受广播、电视、移动电话、无线网络带来的便利；光学的发展则制造出帮助我们进入微观世界的显微镜和探索宇宙深处的望远镜，甚至还能制造出比太阳还亮的激光；相对论改变了我们对时间和空间的看法；量子力学更是发现了微观世界与宏观世界完全不同的现象和规律。

随着物理学的发展以及它在工程技术领域的运用，人们发现了如黑洞、引力波、叠加态、量子纠缠等更多的神奇现象，通过对这些现象背后规律的探索，人们拥有了如量子计算、量子通信等越来越多的“超能力”。物理学让人类将目光从身边的事物转向了微观世界和宇宙的深处，让我们拥抱更广阔的世界。

虽然今天的我们不再需要为恶劣的生存环境而担心，但每个人还是应该懂一点物理。这不仅是为了满足与生俱来的好奇心的需要，更重要的是因为现代社会建立在以物理学为基石的现代科技之上，通过物理看清这个世界的“真相”，掌握自然界运行的奥秘，会让你更好地适应现代生活，更好地跟社会和自然打交道。

这本书通过二十篇文字向大家介绍了日常生活中常见的物理现象和基本规律，其中涵盖了经典物理学中的力、热、声、光、电等主要方面的知识。希望本书能帮助大家建立起对物理学基本框架的系统性认识，同时希望文后的思考题、科学观察、科学实验等板块，能帮助你们用自己的眼睛、头脑和双手去观察自然、思考自然、探索自然，在实践和思考中为今后成为栋梁之材做好准备！

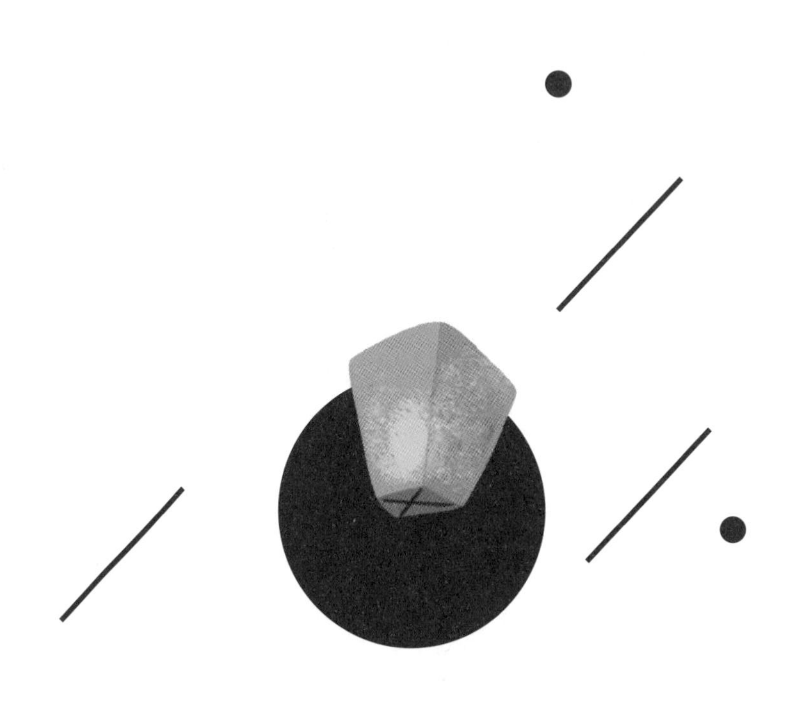

目　录

①

世界的主角 —— 物质

传说在晋朝的时候，旌阳县（今天的四川省德阳市）有一个县令叫许逊，他是一个为官清廉、爱民如子的好官。同时，他也擅长一些神奇的法术。有一年，因为发大水，大片农田颗粒无收，农民们没有收成，交不起赋税。许县令便叫农民们搬来一些大石头，然后施展法术，用手指轻轻一点，黑黝黝的石头就变成了黄澄澄的金子，他便用这些金子帮农民们交了赋税，解决了他们的生活困难。这个故事便是成语"点石成金"的由来。

点石成金可以说是全人类共同的梦想。早在2000多年前，地中海的亚历山大港就兴起了炼金术。从此，人们对它的追求千百年间长盛不衰，这样的痴迷一直延续到三四百年前近代科学的诞生。

那么，到底有没有可能"点石成金"？怎样才能"点石成金"呢？

我们生活的世界是由物质组成的，包括衣、食、住、行在内的每一样生活必需品都需要跟物质打交道。如果想要更好地跟物质打交道，与自然和谐地相处，创造出更多改善生活所需的物品，或是将“点石成金”的梦想变为现实，这些都得从认识物质开始。

一、什么是物质

我们通常会粗略地认为，身边那些看得见摸得着的固体、液体、气体就是物质。比如一块石头、一杯水、一袋空气等。这些物质有什么共同的特征吗?

著名的物理学家理查德·费曼告诉我们:“物质是由原子组成的。”

这句话概括出了我们日常生活中常见物质的关键特征，它们是由一些基本单元——“原子”堆积而成的。“原子”的概念是由古希腊的德谟克利特和他的老师留基伯提出的，他们认为各种物质就像一粒粒沙子组成一座沙雕城堡那样，是由一些不能再被分割的小微粒组成的，这些小微粒就是原子。不同种类的微粒有不同的性质，组成的物质也各不相同。这些小微粒不会凭空产生，也不会凭空消失，由它们组成的物质也不会无中生有或是消失不见，只会从一种状态转变成另一种状态。这就像洒在地上的水并没有消失，而是变成了水蒸气，跑到空气里去了。

现代科学依然传承了留基伯和德谟克利特对原子的基本看法，有所不同的是，100多年前，人们发现原子并不是不可分割的，它其实是由质子、中子组成的原子核，与在原子核外“飞舞”的电子组成的。不同原子的质子、中子和电子数量不同，其性质也有所不同。比如最简单的氢原子是由只含1个质子、没有中子的原子核，与核外

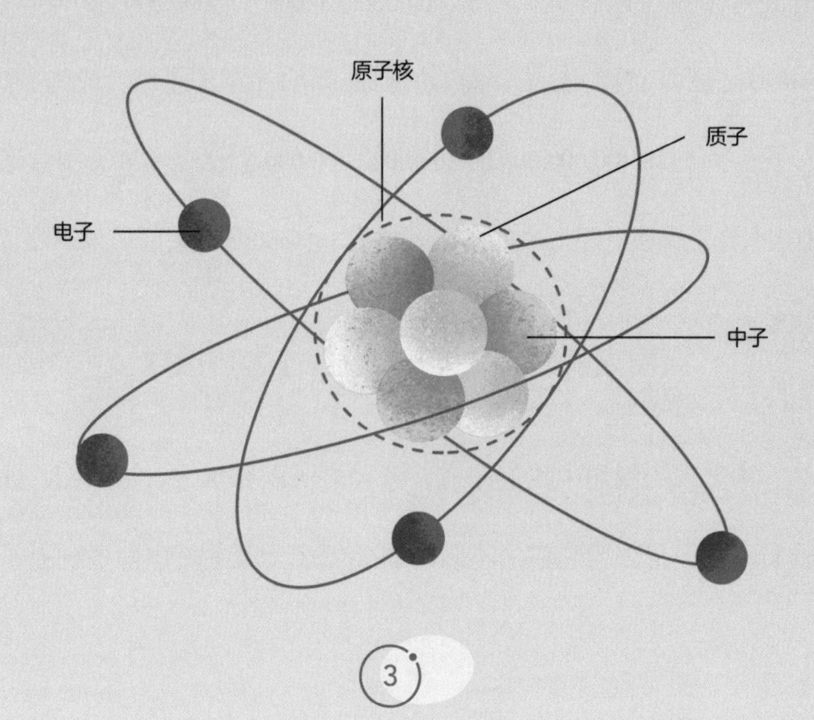

的1个电子组成的；而最复杂的鿫原子则是由118个质子、176个中子组成原子核，再与核外的118个电子组成的。至于我们想要点石成金的金原子，它的原子核里有79个质子和118个中子，核外则“飞舞”着79个电子 。

原子非常小，大约1亿个原子排成一队，才有1厘米长。原子之间通过交换或共享电子形成分子，然后成亿万地堆积在一起（有些物质则是由原子直接堆积在一起形成的），就形成了我们身边各种各样看得见摸得着的物质。比如2个氢原子结合成1个氢气分子，1个2升装可乐瓶可以容纳大约54,000,000,000,000,000,000,000（21个“0”，540万亿亿）个氢气分子；而2个氢原子和1个氧原子结合成为1个水分子，大约18,400,000,000,000,000,000,000,000个(23个“0”，18.4亿亿亿)水分子堆在一起形成的水正好盛满1个550毫升装的矿泉水瓶。

二、物质之间的转化 —— 点石成金可能吗

从上文的叙述中我们知道，黄金之所以和水银、铅、铜、铁等物质不同，是因为它们由不同的原子组成（石头是由许多种原子组

成的混合物，情况更复杂一些）；而原子之间的不同，其实只是因为组成它们的质子和电子的数量不同。那么，要想“点石成金”，只要改变原子核中的质子数量就可以实现。

宇宙中存在着各种各样的原子，其中有原子核中含质子、中子比较少的小原子核，也有由小原子核通过类似氢弹爆炸时发生的聚变反应聚合而成的含质子、中子较多的大原子核。不过这样的反应对条件的要求非常苛刻，要想聚变形成金原子，需要超新星爆炸或者中子星相撞这样的事件才能达成。目前，人类还没有办法用这种“做加法”的方式实现“点石成金”。

不过，我们可以用“做减法”的方式，以其他原子为原料来制造金原子。比如用粒子加速器加速一个中子，把它像炮弹一样轰向含有80个质子的汞（水银）原子核，把其中1个质子给打飞出来，让原子核中只剩下79个质子，于是就可以把便宜的汞原子变成金原子了；还可以用更重一点的粒子当炮弹，从含有82个质子的铅原子核中“打飞”3个质子，或从含有83个质子的铋原子核中“打飞”4个质子，这样也可以让铅原子或铋原子变成金原子。

所以，当代科学已经能实现“点汞成金”和“点铅成金”了。不过，虽然汞、铅这些材料比黄金便宜，可精密复杂的粒子加速器却非常昂贵，消耗的能源也很多，使用一次却只能产生很少的几个金原子。如果用这种方法生产1克黄金（大约含有3,000,000,000,000,000,000,000，21个“0”，即30万亿亿个金原子）的代价恐怕已经超过几吨黄金的价值，实在得不偿失。

三、其他一些不常见的物质

物理学发展到今天，随着我们对物质的了解更深入，物理学家们发现，其实由原子组成的物质只是我们生活中常见的一种。世界上还有许多稀奇古怪的物质。

一团火焰也是物质，它是由原子失去部分电子后形成的离子组成的，也叫作等离子体。

宇宙中的中子星是原子坍塌之后，由比原子更小的中子直接组成的物质。

帮我们实现无线电通信的电磁波，太阳、灯泡等发出的光也都是物质，组成它们的是除质子、中子、电子之外的另一种叫作光子的东西。光子和我们一般遇到的物质很不一样，它们相遇时不会弹开而是互相穿过，所以我们看不到两束光相遇时像两股水流那样碰撞后弹开。

至于黑洞，则是我们还不知道处于什么状态的物质。

还有神秘的暗物质，到今天人们还只是猜测它的存在，仍然在探测寻找它的过程中……

有关什么是物质，尤其是近代科学发现的那些不常见的物质，还有很多问题有待科学家们探索和解释。不过对于大多数人而言，在我们的日常学习、工作或生活中，通常只跟那些常见的物质打交道，所以在大多数情况下，小朋友们只要记住物质是由原子组成的，就足以理解多数物质以及它们的各种特点和性质了。

1. 在日常生活中，我们都把原子当作组成世界的最小单元。但实际上，原子又是由质子、中子和电子组成的，质子和中子又是由更小的夸克组成的。想一想，为什么“物质是由原子组成的”这句话依然是对的，而且还很重要呢?

2. 观察房间里的各种物体，想一想它们的状态和性质分别是怎样的，比如固态、液态、气态，以及它们的颜色、形状、硬度等。

②

性质的本源——结构

有位富商的妻子特别喜欢钻石。一天，她看到了一颗又大又亮的钻石，就希望丈夫把它买下来。可她的丈夫并不喜欢钻石，于是对妻子说："钻石有什么可稀罕的？不就是一堆碳么！和我书房桌子上石墨做的铅笔芯、厨房炉灶里烧的煤炭没什么区别……"无论妻子怎么要求，富商就是不肯买下那颗钻石。

想一想，富商的话有道理吗？钻石和铅笔芯真的没区别吗？

1722年，法国化学家拉瓦锡把一颗小钻石放进玻璃罩，用透镜聚焦太阳光点燃了钻石，燃烧所产生的气体经过鉴定是二氧化碳，证明钻石确实是由碳原子组成的。

可是俗话说“没有金刚钻（即钻石），不揽瓷器活”，钻石不但晶莹剔透，而且质地还十分坚硬，硬到可以切割瓷器和玻璃。而煤炭、石墨看起来都黑乎乎的，远比金刚石软得多。同样都是碳，为什么却有如此不同的性质呢？

一、物质的性质源于它的结构

回忆一下，手工课上，小朋友们用的都是相同的材料，比如纸、木头、胶水等。不过有的小朋友能做出精致复杂的手工作品，而且还不怕磕碰；可有的小朋友的作品则一碰就散。

盖房子也是同样的道理，都是用钢筋水泥和砖头瓦块建造而成，但有的房子十分简陋，摇摇欲坠，甚至还有可能意外垮塌。而那些恢宏壮丽的高楼大厦却能经受住强风暴雨的洗礼，甚至在地震中也屹立不倒。小朋友们可以再回想一下日常生活中家人做饭的场景，大家都用相同的食材和调味料，可不同的人炒出来的菜的色香味就是不一样……类似的例子还有很多，这些用相同材料组合成的东西之间显然是有区别的，关键就在于这些材料组合的方式有所不同。

物质的软硬、轻重、颜色等性质，如果从“物质是由原子组成”的角度看，主要由两个因素决定：一是“原材料”，比如黄金是由金原子组成，而铁则是由铁原子组成；二是原材料组合的方式，也就是科学家们所说的“结构”，比如碳原子以正四面体的形式堆积就形成了钻石，而松散地堆积在一起则形成了各种无定形碳。

事实上，组成物质的“原材料”——原子之间的不同，源于它们各自由不同数量的质子、中子和电子组成。比如铁原子由26个质子、30个中子和26个电子组成；而金原子由79个质子、118个中子和79个电子组成。从这个角度来看，组成物质的材料——质子、中子和电子都是一样的，区别就在于它们组合的方式。

二、钻石和铅笔芯、煤炭真的没区别吗

当我们懂得了物质的性质源于“结构”这个道理，富商的话当

然就站不住脚了。碳原子只有在高温高压的情况下才能形成钻石那样的正四面体排列方式，从而在原子之间形成非常强的连接，这才使得钻石成为大自然中最坚硬的“强者”。在一般的条件下，碳元素则只能相对松散地堆积形成其他一些碳的同素异形体（就是由单一的化学元素因排列方式不同而组成的性质不同的单质），比如无定形碳、石墨或是纤维碳等。

当然，钻石比煤炭贵并不是因为它有多坚硬或者多漂亮，而是因为它形成的条件比较苛刻，所以自然界中的钻石比石墨和煤炭少得多。碳原子还能以另外两种结构堆积成两种著名的材料——一种是由60个碳原子组成的类似足球结构的“富勒烯”，另一种则是所有碳原子在一个平面内以正六边形铺成一个单原子层的“石墨烯”——它们在刚被发现时比钻石还稀少，所以当时比钻石还要昂贵。

三、固体、液体和气体可以用原子堆积的方式来区分

我们身边的物质大多以固体、液体或气体的形式存在。可到底什么样的东西算固体，什么样的东西又算液体或气体呢？

一块黑乎乎、硬邦邦的沥青，它看起来应该算是固体吧？1927年，澳大利亚昆士兰大学的托马斯·帕内尔把一块沥青放进一个漏斗，3年后打开封口，在又过了8年多后的1938年底，第一滴沥青滴入了漏斗下面的杯子里，在这之后大约每8—10年间又会滴落1滴，到实验结束的2013年，总共滴了9滴沥青。虽然进度缓慢，但如此看来，沥青是一种会流动的东西，更像液体才对。

那么，究竟如何区分固体、液体和气体呢？科学家们依据它们的原子（或由原子组成的分子）的堆积方式来进行区分。

如果原子（或分子）之间的距离是它们自己的直径的10倍以上，那么它们之间除了碰撞之外，互不“干扰”，这样由原子松散堆积形成的物质就是气体。

而当原子（或分子）的间距和它们的直径差不多时，原子紧紧挤在一起，不过每个原子依然能够在拥挤的空间中到达每一个角落，就好像虽然你在拥挤的人群中穿行有些费劲儿，但最终依然能从人群中走出来一样。这时，原子堆积形成的就是液体。

当所有的原子不但紧紧地挤在一起，间距和它们的直径差不多，

而且它们之间还相互约束时，每个原子只能在自己的位置附近稍有振动，就好像上课时，小朋友们都遵守纪律，老老实实地坐在自己的座位上，最多在座位附近做点儿“小动作”，但谁也不能离开自己的座位一样，原子以这样的方式组成的就是固体。

由此可见，物质的状态和性质是由组成它们的材料及其结构不同导致的。而组成物质的材料——原子，则是由不同数量的质子、中子和电子构成的，也可以看作相同材料以不同方式堆积而成。因此，我们大体上可以说，“结构”是物质状态和性质的本源。

1. 碳原子以不同的结构组合时，分别会形成钻石、石墨、石墨烯、富勒烯等性质完全不同的物质。除此之外，你还知道哪些物质是看起来差别很大、但其实是由相同的原子组成的?

2. 如果只能使用剪刀和胶棒，请试试看一张A4纸采用什么样的结构，能搭起一座跨度为20厘米的桥，且桥面上能放尽可能多的易拉罐汽水。

③

科学的基础——计量

一匹小马要渡过一条小河，它向一头老牛询问河水的深浅。老牛对它说："河水很浅，只能淹到肚皮，你放心地蹚过去吧。"于是，小马准备放心大胆地下水。这时，一只小松鼠高喊着拦住了它，对它说："危险！这条河非常深，进去就会没顶，我的小伙伴就是在这条河里淹死的。"小马犹豫起来，河水到底是深还是浅？到底能不能过去呢？

《小马过河》的寓言故事大多数人都耳熟能详，它告诉我们，实践出真知，不试一试，怎么可能得到正确的结论？可是，对小马而言，如果河水真的很深，贸然尝试会有危险。那么，有没有什么两全其美的办法，既能免除风险，又能得到正确的答案？

办法当然有很多，比如用一根竹竿分别对比一下河水的深度和小马的身高，就知道河水会不会淹没小马了。如果在竹竿上打上格子，还可以更精准地知道水深的程度。

这个过程，其实隐含了自然科学最重要的过程之一——计量。

一、“计”和“量”是两件事

我们要想精准无误地描述一件事，通常要用定量的方法，也就是精确说出它的数量。获得这个数量的过程有两步：

第一步，确定一个标准，比如我们以张开手掌时大拇指的指尖到中指间的距离（俗称“一拃”），或是用直尺和圆规在白纸上打出等间距的格子作为标准。科学家们把这个标准称为单位，此时我们刚才说的手或那张有格子的白纸就成了一个长度——“计”。

第二步，用我们的标准去比较想要描述的对象，看看它有几个单位。比如对比一根竹竿的长度有几拃，或者是白纸上格子长度的几倍。这就是用“计”去进行“量”，从而获得一个具体的数量。

从上述过程中不难看出，“计”和“量”是两件不同的事。“计”

是制定标准，制作“尺子”；而“量”则是用“尺子”和我们想要描述的东西做比较，看它大约有“尺子”上的“几格”那么长。

同理，要精准地描述一个物体的冷热、轻重、大小等特征，我们都要先确定单位，制作出“计”，然后用“计”去“量”，从而获得一个完整的数量，这个完整的过程就是“计量”。

日常生活中，我们经常进行的测量工作其实只是第二步，即拿已经制作好的长度“计”——尺子，去和各种各样的物体做比较，获得有关物体长度的数量描述的过程。而第一步制作“尺子”的过程，已经由科学家们完成了。他们制定好了像米、分米、厘米、毫米这样的格子，并把它们刻在尺子上。

二、“数”和“量”缺一不可

包括物理学在内的自然科学都希望精准地描述世界，因此它们都建立在计量的基础上。而计量的结果，是有关自然界的一个个“数量”。比如，在2020年12月8日，中尼双方共同宣布的珠穆朗玛峰的最新高度是8848.86米，笔者的体重是80千克，一天的时间大约有86400秒等。

你会发现，这些数量总是由一个数字和随后的一个量词组成。没错，你抓住了重点！“数”和“量”是两个不同的东西，“量”指的是我们采用的标准——单位，也就是你那把“尺子”上“格子”本身的大小；而“数”指的是我们测量的事物有多少个单位，比如长度相当于多少个“格子”。在描述事物时，“数”和“量”二者缺一不可，比如同一根竹竿，用“步”做单位时可能是“2步”，而用“拃”做单位时可能是“10拃”，如果你只告诉别人它的长度是10（数），而没说它的单位（量），那别人是无法知道竹竿到底有多长的。

所以，当你懂得了“计”和“量”的含义和区别，就会知道“伽利略发明了温度计”这样的表述并不准确。确定了标准、“打了格子”的才能叫作“计”，而在伽利略所处的时代，给温度“打格子”的工作还没有开始，还没有摄氏度、华氏度、热力学温度这样的温标系统，因此伽利略发明的那个东西还不能叫作“计”，而应被称为“冷热观察装置”可能更合适。所以，在你懂得了“数”和“量”缺一不可之后，请记得在表述事情时，像“他的身高是160”“我的体重是50”这样的话并不准确，记得要带上量词单位哦。

1. 想一想，怎样用科学的方法向别人准确地描述一个人的长相？

2. 请找出家里尽可能多的用于“计”的测量工具，然后填写下表。

测量工具	测量目标	用作测量标准的性质
体温计	身体的温度	液体热胀冷缩的性质
红外测温仪	物体的温度	物体发出红外线的强弱程度

④

交流的必须——单位制

古时候没有银行，有钱人只能把金银财宝放在自己家里。可是这样财产很容易被盗贼偷走，甚至被强盗打劫，很不安全。有一天，一个财主想到了一个办法，他把不容易生锈的金银财宝装在坛子里封好，然后在自家田地中挖了一个深坑将其埋藏起来。为了不让别人知道，财主用数步子的方式记录了埋藏地点，没有留下任何明显的标记，并自认为万无一失。

多年后，财主在去世前把埋财宝的具体方位告诉了儿子——从自家田地边的第一棵大树起向北走50步，然后向东走100步，坛子就藏在地下5尺的地方。财主去世后，他的儿子趁着夜深人静之时，依照父亲的嘱托去挖财宝，可是无论怎么挖都找不到。

奇怪的事情发生了，财宝被人偷走了吗？

财主告诉了儿子找到财宝的方向和步数，有数字（数）也有单位（量），为什么儿子还是挖不到财宝呢？其实，财宝并没有被人偷走。真正的原因是，财主的儿子从小生活条件很好，个子长得比财主高很多。虽然都用“步”作为单位，两人迈出每一步的长度却不一样，儿子的一步迈得比财主迈得要远不少，一百多步累积下来，儿子找到的地方早已偏离埋财宝的位置相当一段距离了。

一、统一“单位”的重要性

只有大家的“单位”相同，在交流沟通的过程中才能准确传递信息，否则就很容易造成混乱。秦始皇在统一中国时就发现了这个问题：由于各地使用的长度、容量、轻重单位都不相同，皇帝命令给士兵发1斗米做军粮，在有的地方可能够两三个人吃，而在有的地方却连一个人都不够吃。于是，秦始皇统一度量衡，有力地促进了不同地区之间的沟通交流。

世界上的其他文明也都有过类似的经历，因此各个文明、各个国家很早就都建立起了自己的单位系统。在社会经济高度发达的今天，全球交流密切频繁，各国的“单位”之间如果不统一，也会给人们带来很大的困扰，甚至还可能危及生命。

基米尼滑翔机事件就是一个例证。1983年的一天，加拿大航空143号班机的燃料监测装置出了点问题，但是备用零件又一时拿不到，于是机长决定手工计算燃料，飞到目的地再维修。这趟航程按照公制大约需要20000千克的燃油，可是工作人员却是按照英制的20000磅加的油。英制的20000磅大约为9072千克，还不到公制的一半。结果可想而知，飞机飞到一半就没有油了。在千钧一发的时刻，幸好机长想起几十千米外有一个基米尼空军基地。在没有动力的情况下，飞机进行了创纪录的超长距离滑翔，最终成功迫降，这才避免了一场机毁人亡的惨剧发生。

二、国际单位制

今天，世界上使用最广泛的单位系统是国际单位制，也叫SI单位制。它在1960年第十一届国际计量大会上正式通过并命名，随着科技的进步，它还在不断发展演变。

SI单位制由7个基本单位和由基本单位组合而成的各种其他单位组成，7个基本单位分别是：

长度单位	米（m）
质量单位	千克（kg）
时间单位	秒（s）
电流单位	安培（A）
热力学温度单位	开尔文（K）
物质的量单位	摩尔（mol）
发光强度单位	坎德拉（cd）

每个单位的最终确立都凝聚了科学家们的大量心血。比如，1米最早被规定为经过巴黎的四分之一经线（北极点至赤道）总长度的一千万分之一，人们还用铂铱合金制作了一个截面为X形的长棒作为标准，称其为国际米原器。后来，大家就直接用这个“米原器”的长度作为1米的标准。可是，虽然国际米原器已经制作得非常精密，也被非常精心地保存着，但却依然会发生热胀冷缩或是磨损的现象，导致标准发生变化。科学家们又反复寻找，终于在自然界中

找到了一把不会“热胀冷缩”也不会“磨损”的尺子——光。于是，从1960年开始，1米的标准被规定为：光在真空中于1/299792458秒的时间内走过的距离。而1秒的时间，则在1967年开始被规定为：铯-133原子基态的两个超精细能级之间跃迁所对应的辐射的9192631770个周期的持续时间。

从2019年5月20日开始，千克的标准也从那个可能磨损、氧化的“国际千克原器”的质量，变成了基于普朗克常数这一自然常数；安培、开尔文和摩尔也都有了它们所对应的不变的自然常数作为标准。

当我们了解了什么是计量，又有了国际公认的、建立在不随各种条件变化的自然常数基础上的标准——国际单位制之后，精确地描述身边的事物就不再是难事，找回“失踪”的财宝也就不是什么难事了。

1. 先自己想一想，再问一问父母以及身边的亲朋好友，看看大家身上都发生过哪些因为没有搞清楚单位而导致的误会或者错误。

2. 在上一章的基础上，进一步完善下列表格吧。

测量工具	测量目标	用作测量标准的性质	测量结果的单位
体温计	身体的温度	液体的热胀冷缩性质	℃（摄氏度）
红外测温仪	物体的温度	物体发出红外线的强弱	℃（摄氏度）

⑤

物理学的开端——惯性与惯性定律

有个物理系的大学生趁着周末天气好去郊区游玩。在公交车上颠簸了近一个小时，快到目的地时，他按捺不住激动的心情，早早地从座位上站起来准备往门口走。就在这时，路边突然蹿出一只小动物，司机急忙踩了一脚刹车，小伙子一下没站稳就冲了出去，把前面正戴着耳机听音乐的女生撞了个趔趄。女生回头很生气地说了一句："瞧你这德行……"大学生机智而风趣地说："抱歉，同学，这是惯性。"女生听了，也大度地笑了。一件小事，欢笑结局。

我们也都有过在汽车启动、刹车、拐弯时东倒西歪的经历，也总听人说这是由于"惯性"，那么，到底是什么是惯性呢？

常言道："江山易改，本性难移。"在生活中我们每个人都有自己的习惯，比如有人习惯吃甜食，有人习惯睡懒觉，有人习惯每天跑步锻炼，有人习惯每天早上起来洗澡。我们并不一定每天都坚持这些习惯，但总是有种趋势，让我们在没有其他事情干扰的时候想要去做这些事情，甚至有时想都没想就自然而然地去做了。

这种"江山易改，本性难移"的习惯趋势，其实就可以被称作"惯性"。

一、物体运动的"本性"

"惯性"作为一个物理概念，对应的英文单词为inertia，本意有惰性、不愿意活动的意思。它指的是一个物体在没有其他任何作用影响时所处的运动状态。没有任何其他作用的影响，那么物体表现出来的运动状态应该就是它的"本性"。可物体在运动方面的"本性"是什么呢？不同时代的科学家们曾经有不同的看法。

古希腊伟大的哲学家亚里士多德在观察生活中的各种现象时注意到，一辆车如果不是一直被人们推着，就会逐渐减速，直到静静地停在那里；一条船如果不划桨或是不扬帆，也会慢慢减速直到停在水中。从这些现象来看，所有物体的“本性”应该都是比较“懒”的。在没有其他东西“驱赶”时，物体总会选择“懒洋洋”地待在原地不动，就像每周一的早晨，哪怕妈妈三令五申，很多小朋友也都选择赖在床上不起来一样。

亚里士多德的观点流传了近2000年，直到文艺复兴后，伽利略挑战了他的这一学说。伽利略敏锐地注意到，一辆没人推的小车，在冰面上停下来时所经过的距离明显远远大于在一般的石子路面或是土路上的距离。小车没有“精神分裂”，当然不会有两个“本性”。这个过程实际上体现了不同的路面对小车施加了不同的影响。今天，我们已经知道这是由小车和路面之间的摩擦阻力造成的，路面上的摩擦阻力越小，小车能向前滑的距离就越长。小车会停下来，看起来并不是它的“本性”，而是受到阻力的结果。

伽利略对亚里士多德观点的挑战可不仅仅停留在动脑和动嘴的阶段，作为近代物理学的重要奠基人，伽利略开创了用实验来验证观点的基本科学方法。他制作了一些非常光滑的斜面，把两个斜面的底边相对，让小球从其中一个斜面的某一高度处滚落下来，他发现小球会滚到对面斜面差不多相同的高度处；之后保持滚落的斜面不变，改变对侧斜面的角度时，伽利略发现，小球总是能滚到对面差不多的高度处，随着斜面由陡变缓，小球在水平方向上滚出的距离越来越远。

于是伽利略合理地推断：当对侧的斜面变成水平面时，小球依然有到达斜面相同高度的趋势，于是在水平方向上看，小球便会一直滚下去。

二、惯性定律

伽利略通过双斜面实验的结果合理推断，物体的“本性”并不是“懒惰”的。在没有其他东西影响时，物体的本性是保持自己的运动状态不发生改变，一直以这样的状态运动或静止下去。不过可惜的是，伽利略由地球是圆的这一认知推断，沿着地面的运动应该是圆周运动的一部分，因此他错误地认为物体的惯性是做匀速的圆周运动。

牛顿继承了伽利略有关惯性的研究成果。他在进一步分析圆周运动时发现，一个物体做圆周运动时，总会有个东西拉着它，让它不被甩出去；一个物体在不受其他任何东西影响时，是沿着直线匀速前进的。于是，牛顿总结出了一条自然法则：在不受其他外力作用，或是其他外力对它的作用相互抵消时，物体会保持匀速直线运动的状态。这就是大名鼎鼎的牛顿第一定律——惯性定律。今天，我们在物理学上所说的“惯性”，其准确的含义则是：在不受其他外力作用，或是其他外力对它的作用相互抵消时，物体会保持匀速直线运动的性质。

三、惯性大小的描述——质量

通过前面的章节我们已经知道，物理学最大的特点之一就是用

“数量”去描述自然现象，那么我们应该用什么样的“数量”来描述物体的惯性呢?

既然惯性是物体保持自己原本运动状态的性质，那么当我们对物体施加作用的时候，物体运动状态的改变程度就可以衡量惯性的大小。比如我们用相同的力气推两块光滑地面上的石头，在相同的时间里石头甲增加的速度只有石头乙增加的一半，这说明改变石头甲运动状态的难度是改变石头乙运动状态难度的2倍，石头甲的“惯性”就是石头乙的2倍。

今天，物理学家们用“质量”来衡量物体的惯性大小，它在国际单位制中的单位是千克。用物理的语言描述前面的两块石头就是:“石头甲的质量是石头乙的2倍。”

从伽利略到牛顿，从严谨的推理到实验的验证，对惯性的认识是近代物理学建立的重要里程碑。从此，人们对自然的认识和了解不断深入，逐渐构建起宏伟壮观的物理学大厦。

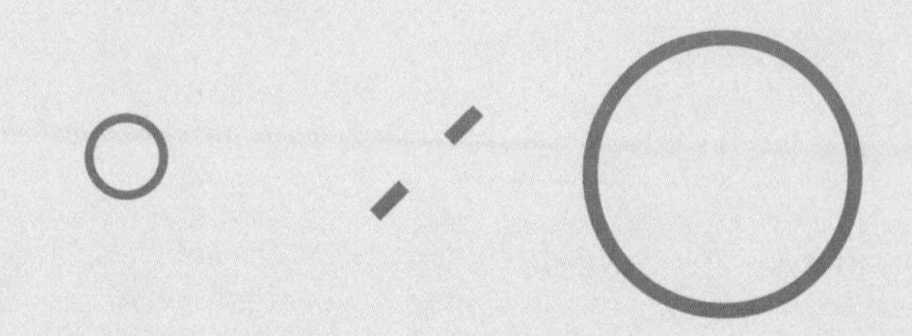

科学小实验

动动手，做一个光盘气垫船吧！

实验材料

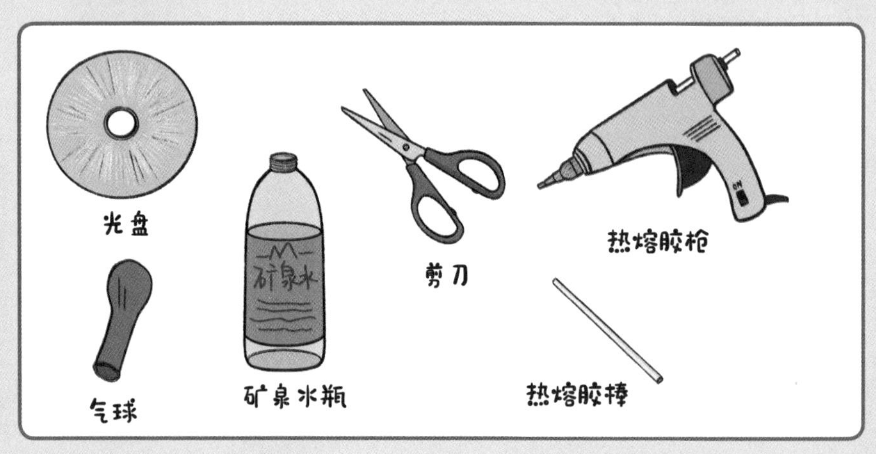

实验步骤

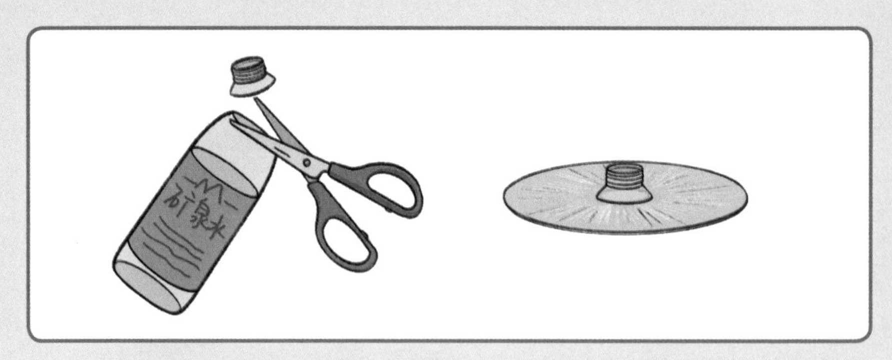

1. 把矿泉水瓶的瓶口用剪刀剪下来，然后放在光盘的中央，让瓶口的圆心和光盘中央的孔中心对正。

2. 用热熔胶把瓶口的一周和光盘粘在一起，不留一点缝隙。

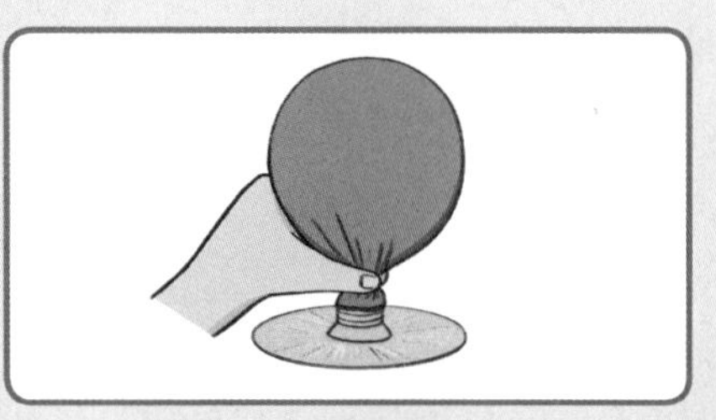

3. 把气球套在瓶口上，从光盘中央的孔对气球吹气（或用打气筒打气），气球被吹大后用手捏住气球不让气跑掉。

4. 把光盘放在平整的桌面或地面上，松开捏紧的气球。这时光盘就会“悬浮”在桌面或地面上，轻轻一推，就能跑得很远。

实验原理

在气球皮张力的挤压下，气球中的空气从光盘中心的孔流出，在光盘和桌面或地面之间“挤”出一点缝隙流到外面，于是光盘和桌面或地面之间形成了不到1毫米的薄薄的气垫，让光盘和桌面或地面不直接接触，摩擦力大大减小，这样“光盘气垫船”就可以自由自在地运动了。

⑥

“不知云与我俱东”——相对运动与相对性原理

一次难得的机会，小小和妈妈一起乘坐邮轮旅行。那天，风和日丽，海面十分平静，船上一点儿颠簸摇晃的感觉都没有。于是，船舱中的小小发出了疑问：“咦，我们的船怎么停了呀？”妈妈回答道：“没有，我们的船一直都在走，只是你没感觉到罢了。”“可为什么我没有感觉到？怎么证明船在走呢？”小小一边使劲地在原地蹦跳一边说，“妈妈你看，我跳起来还是落回原地，和在家里、在教室里、在操场上是一样的呀。”说着，她又跑到床上把自己最喜欢的玩具举过头顶，一松手，玩具还是落在自己脚边，没有偏向任何一个方向。小小疑惑地问道：“妈妈你看，这不是和在家里一样吗？”

小小和妈妈乘坐的是没有窗户的内舱，看不到窗外的景象，妈妈怎样才能证明船是在行驶的呢？

也许你会觉得，如果能看到窗外的海面，就可以通过观察船头是否劈开海面掀起浪花来判断船是停是走，就像坐在火车上可以通过观察窗外的地面有没有移动来判断火车是停还是走，这看起来是件挺简单的事情。

其实，事情并不像我们想象得这么简单！我们在船上观察海面，只能判断出船相对于水面有没有在移动；在火车上观察地面，只能判断出火车相对于地面有没有移动。可凭什么说水面或是地面就是

“停着”的呢？用物理学的语言表达就是：我们为什么认为大海或是地面是“静止”的呢？唐代诗仙李白在《望天门山》中写道：“天门中断楚江开，碧水东流至此回。两岸青山相对出，孤帆一片日边来。”这“两岸青山相对出”，就是把脚下的船看作不动的物体，那么此时动起来的则是地面，李白这样看有什么不对吗？

一、运动的相对性

我们描述一个物体是运动或是静止的时候，其实总是以另一个物体作为参照的，那个作为参照的物体叫作参照物。比如邮轮是走还是停，实际上是指它相对于大海或地球处于静止还是运动的状态，选择的参照物是大海或地球。如果你不相信，可以试着开动脑筋挑战一下，看看能不能做到在描述一个物体运动或是静止时，找不到任何隐藏在它背后的参照物。

在注定徒劳的努力之后，你就会发现，我们谈论的任何运动或静止的状态都是相对的。在我们选择不同的参照物时，会得到不同的描述。比如坐在飞驰着的高铁上的我相对于地面正在以300千米/

时的速度飞奔，而相对于坐在我旁边的旅客却几乎是静止的；又比如宋代诗人陈与义在《襄邑道中》描绘的场景：“飞花两岸照船红，百里榆堤半日风。卧看满天云不动，不知云与我俱东。”躺在船上的诗人，相对于天上的白云是静止的，而相对于地面，诗人和白云则正以相同的速度向东运动。

运动或静止都是相对的这一理论，也被称为运动的相对性。选择描述运动时的参照物无所谓谁大谁小，谁轻谁重。世界上并不存在一个其他物体的运动都得以它为标准的“绝对静止”的参照物。地面上的我们觉得地球是静止的，可实际上相对于太阳，地球正以接近每秒30千米的速度高速绕太阳飞行，同时还在以24小时一圈的速度自转。如果站在太空中一个相对于太阳不动的地方看地面，就会如毛主席在《七律二首·送瘟神·其一》中所写的那样——“坐地日行八万里，巡天遥看一千河”；而相对于银河系中心，太阳则带着整个太阳系的行星和各种天体以每秒两百多千米的速度穿行于宇宙中。相对于其他星系，银河系也处在不断地运动中。

从运动的角度来说，所有物体的地位都是平等的。无论我们以

船只或是地球作为静止不动的参照物，都并不存在谁比谁更“优越”或是更“正确”的问题。无论是李白把地面选作参照物认为自己在运动，还是把他自己当作静止不动的参照物，认为两岸的青山正向他走来的这两种说法其实都是可以的。在日常生活中，我们常常把地面看作静止不动的参照物，这只是一种约定俗成的习惯，使人们沟通交流起来比较方便而已。

二、相对性原理

当我们了解了运动的相对性后，再回过头来看船舱里小小和妈妈的对话。如何在看不到窗外景象的船舱里判断船是走还是停呢？

近代物理学的奠基人之一伽利略在他的著作《关于托勒密和哥白尼两大世界体系的对话》中通过萨尔维阿蒂这个人物描绘过类似的场景：

把你和一些朋友关在一条大船甲板下的主舱里，再让你们带几只苍蝇、蝴蝶和其他小飞虫。船内放一只大水碗，其中放几条鱼，然后挂上一个水瓶，让水一滴一滴地滴到它下面的一个宽口罐里。船停着不动时请留神观察，你会发现小虫都在以等速向舱内各方向飞行，鱼也在向各个方向随便游动，水滴则滴进瓶下面的罐子中。如果你想把任何东西扔给你的朋友，只要距离相等，那么向这一方向扔不需要比向另一方向扔用更多的力；如果你使相同的力气双脚起跳，无论向哪个方向跳，跳出的距离都相等。如果船开动了，那么无论它以任何速度前进，只要运动是匀速的，也不忽左忽右地摇摆，你将发现所有上述现象丝毫没有变化，你也无法从其中任何一个现象来判断船是在运动还是停着不动。即使船运动得相当快，虽然你跳到空中时，脚下的船底板向着你跳的相反方向移动，但你在跳跃时将和以前一样在船底板上跳过相同的距离，你跳向船尾也不会比跳向船头来得远。当你把任何东西扔给你的同伴时，不论他是在船头还是船尾，只要你站在他对面，与他保持相同的距离，那么你也同样只需要用相同的力气。虽然水滴在空中时船已行驶了一段距离，但它们仍会像先前一样滴进瓶下面的罐子里，一滴也不会滴向船尾。鱼在水中游，向船行驶的方向游所用的力不比游向船行驶的反方向来的大，它们会悠闲地游向放在水碗边缘任何地方的食饵。最后，蝴蝶和苍蝇将继续随便地到处飞行，它们也绝不会向船尾集中，但并不因为它们可能长时间留在空中就脱离了船的运动。如果点一根香烟，则将看到烟像云一样向上升起，不向任何一边移动……

无论在全速前进的轮船上，还是在高速运行的高铁上，只要交通工具运动的速度不发生改变（快慢不变，也不转向），没有左摇右摆或是上下颠簸，那么所有的实验都会遵循相同的规律，表现出相同的现象，你是不可能用任何实验来说明自己在运动还是静止的。

换句话说，物理规律在所有以匀速运动（速度的大小和方向都不改变）的物体上都是相同的，这是物理世界的一条基本规则——相对性原理。这条原理在物理世界中发挥了巨大的作用，从伽利略、牛顿的经典力学，到爱因斯坦的相对论，保持匀速运动的物体遵循相同的规律都是基本的出发点之一。

知道了运动的相对性，以后再听到有关运动的描述时，我们就要养成找到运动背后隐藏的参照物的习惯，这样就能少犯很多错误。

而如果能进一步理解相对性原理，那么你将掌握物理世界的深层奥秘，即便是学习像相对论这样高深的物理，你也已经迈出了坚实的第一步。

1. 在高速飞驰的高铁列车上，把一个绒布玩具抛给不远处的朋友，感觉和在地面上没有什么不同，可是在旋转木马或是转椅上做同样的事情时，情况却发生了变化。高铁列车和旋转木马的区别在哪儿呢？为什么看起来运动变得不太一样？

2. 有机会乘坐高铁列车出行时，试着闭上眼睛，用自己身体的其他感官能不能分辨出列车是在飞驰还是静止。当列车行驶时，在不影响其他旅客的情况下，请爸爸妈妈扶着你，闭上眼睛分别向列车行驶和相反的方向轻轻跳一跳，看看向哪个方向跳更费劲。

⑦

力者刑之奋 —— 力的概念和种类

在电影《流浪地球》最后的片段中，“火石”被装进行星发动机，来自不同国家的人们一起合作，用力推动那根巨大的“撞针”，最终让发动机重新启动，把地球带离了危险，继续踏上寻找新家园的旅途。从大伙儿一起“用力”推动撞针，到行星发动机提供“动力”，抵抗木星对地球的“引力”，所有这些环节都是“力”在起作用。

“力”是我们在生活中常常用到的一个词，比如“力量”“动力”“阻力”“压力”“拉力”等等。汉语中还有“定力”“火力”“魄力”等含有“力”的词汇。当你去仔细品味这些词时，会发现“力”的意思好像很模糊，在不同的语境中似乎有不同的含义。那么，物理学家们所说的“力”是什么意思呢？

我们都有过类似的经验，当我们推着一个重箱子移动或是提着重物上楼时，常常没过多久就开始觉得累了，然后就忍不住嘟囔说：“我没力气了。”这里你所说的“力气”的“力”是物理课上所说的那个“力”吗？

一、力是什么

中国战国时期墨家的经典著作《墨经》中写道：“力，刑之所以奋也。”“刑”指人体，而“奋”的本意是鸟振翅欲飞的样子，引申为振作、奋起的意思。从《墨经》中的表述可以看出，力的效果是让人由静到动、由慢到快、由下向上等。古希腊的哲学家亚里士多德认为，力是物体运动状态改变的原因。我们在前面介绍惯性的一章中讲到过，亚里士多德觉得一切物体天生都是“懒”的，力是让它们动起来的原因。如果力一旦撤去，物体就会慢慢停下来。伽利略用实验证明了亚里士多德的观点存在疏漏，物体有保持自己运动状态的惯性，而力是让其运动状态发生改变的原因。可是，这些描述似乎都在说明力导致了什么，而并没有解释力本身是什么。

和其他许多物理概念一样，力的概念雏形最早源自我们的身体感受。提东西时，我们的肌肉紧张起来，感觉好像耗费了什么，才把两大桶饮料从地面上提起来一点点；踢足球时，好像我们把什么东西给了足球才让它飞了出去……生活中有许多类似的场景，我们总觉得自己对外界施加了什么东西，或是外界对我们施加了什么东西，让我们承受了什么东西。人们就把这种看不见摸不着，但又确实产生了一些效果的东西称为“力”。

就像我们做数学题时，常可以通过画辅助线的方法把复杂的问题变得简单明了，“力”其实也是一条“辅助线”。当我们拉一根皮筋时，它会变长，或者当我们用力踢足球时，足球会飞出去……这些过程中其实包含了很多复杂的现象：在皮筋拉伸的过程中不但涉及橡胶分子的形变，相互之间纠缠、吸引等相互作用，在分子形状变化时，组成分子的原子之间的相互作用也有复杂的变化；踢足球也是类似的，组成足球和我们脚的千百万亿个原子中的每一个情况都可能千差万别，原子之间怎么发生作用从而最终使得足球飞出去，其实也是个非常复杂的问题。

有了“力”这条“辅助线”，问题就简单多了。自然界的相互作用又多又复杂，背后的机理也各不相同，但是在大多数情况下，从宏观上看，它们产生的效果无外乎两种；一种是让物体的形状发生变化，一种是让物体的运动状态发生变化。那么，当不需要关心每一个原子，而只关心它们组成的宏观物体时，凡是造成了物体形状变化或是运动状态变化的，我们都可以认为它们受到了同一种东西的作用，这种东西就是力。

二、力的种类

如上文所说，“力”其实是通过它的作用效果（发生形状变化或是运动状态变化）来描绘自然现象的一个笼统的概念。人们常常还会按照其产生的具体效果给力起不同的名字：比如让物体从静到动、从慢到快的叫作“动力”，反之则叫作“阻力”；让物体感受到压迫的叫“压力”，支撑着物体不落到地下的叫作“支持力”；让物体相互靠近的叫作“吸引力”，让物体相互远离的叫作“排斥力”……这样按效果给力命名，能够让人一看就想象出产生这些作用的场景，非常直观，所以在日常生活中以及各种工程领域应用很广。

而物理学家们更关心现象背后的原因。让我们用一张纸托着几枚曲别针，如果突然把纸抽去，曲别针会从静止开始向下运动；而当把一块强磁铁放在曲别针上方时，它们也会从静止开始向上运动。从效果看，曲别针的运动状态都发生了改变，所以我们可以说它们都受到了“力”的作用，而且都是“动力”。但这两个过程中，曲别针由静到动的原因却并不相同。空中的曲别针下落，是曲别针和地球间的引力相互作用所致；而被磁铁吸向上方，则是铁质的曲别针与强磁铁之间的磁相互作用所致。

物理学家们会像刚才那样，更倾向于从原因的角度描绘物体间的相互作用。从这个角度分析，在大自然中存在4种基本的相互作用，分别是引力相互作用、电磁相互作用、强相互作用和弱相互作用。其中产生强、弱两种相互作用的距离很短，主要在原子核内部发生。我们日常生活中遇到的各种“力”，主要是引力相互作用和电磁相互作用。苹果从树上落下源自引力相互作用，而我们平常通过推、拉、压、摩擦、电、磁等产生力的现象，本质上都源自电磁相互作用。

现在你应该知道了，“动力”“阻力”“压力”“拉力”……这些“力”才是我们物理学所关心的自然界中的“力”，而“定力”“火力”“魄力”等只是我们日常语言中的一种词汇，并不是物理学研究的“力”。

1. 用一根比较长的细绳挂起一个重物就形成了一个单摆。推一下重物让单摆沿着一个方向摆动起来，在底面上画一条线记录摆动的方向。一个小时之后再来观察这个摆动的重物，看看它的摆动是否还沿着原来的方向。如果不是，又是什么力把这个单摆推偏了呢?

2. 观察你身边各种各样的力，试着填写下列表格。

力的名称	施加力的物体	承受力的物体	所产生的效果	力的种类（从原因角度）
磁铁的吸力	磁铁	曲别针、大头针	吸引铁质物体	电磁相互作用

（续表）

力的名称	施加力的物体	承受力的物体	所产生的效果	力的种类（从原因角度）

⑧

莱布的狡辩 —— 力的特征和规律

莱布是个淘气的初中生，经常在课间和卡尔、小惠、小克等几个小伙伴打打闹闹。一天，莱布趁卡尔不注意，一巴掌拍在了卡尔的后背上，把他打得好痛。卡尔生气了，拉着莱布就去找班主任牛老师告状："牛老师，莱布打我！"莱布却不慌不忙地对牛老师说："牛老师，您刚刚在物理课上告诉我们，力的作用是相互的，作用力和反作用力一样大，同时产生同时消失。刚才只是我的手和卡尔的后背发生了相互作用，如果说我打了他，那么他也同时在打我呀！"

俗话说“君子动口不动手”，莱布和小伙伴们之间的打打闹闹不值得鼓励，他拿“力的作用是相互的”这一规律来狡辩更是不对。不过，在反驳莱布的狡辩之前，我们还是应该先了解一下力的特点和规律：自然界各种相互作用的一个共同点，就是在使物体的形状或是运动状态发生改变方面，有着相同的特征和规律。那么这些特征和规律都是什么呢？

一、力的特征

在上一章中，我们知道了力是描述自然界各种相互作用的一种简便方式，它的背后其实是各种相互作用，力的特征其实就是各种相互作用共有的那些特征。

第一，得有相互作用的物质存在。如果没有物质，相互作用就无从谈起，也就没什么“力”可言了，这就是力的第一个特征——物质性。

第二，相互作用一定得发生在两个物体之间。俗话说“一个巴掌拍不响”，只有一个物体也无法发生相互作用，也就没有“力”可

言，这是力的第二个特征 —— 相互性。

第三，既然是相互作用，那么在一个物体开始受到作用的那一刻，另一个物体一定也同时受到了作用，两者之间没有时间差。否则不论这个时间差多短暂，这段时间内都会出现一个物体受到作用而另一个没有的现象，那么作用也就不再是“相互”的了。同样的道理，两个物体之间的相互作用也一定同时消失，这是力的第三个特征 —— 同时性。

第四，相互作用不但有强弱，还有方向，同样强度的相互作用，方向不同时也可能产生不同的效果。比如让弹簧拉伸或压缩，让足球飞进球门还是偏出。当用力来描述这些现象时，力就是一种既有大小又有方向的量 —— 矢量。这是力的第四个特征 —— 矢量性。

第五，当两个物体之间存在相互作用时，其中一个物体又和其他的物体发生了相互作用，新的相互作用并不会影响原来两个物体之间的相互作用，而只是和原先的相互作用效果叠加在一起。就像一个人推车时，另一个人过来帮忙并不会让原来正在推车的人的力量变大或变小，两人一起推车的效果相当于两人各自推车的效果之和。这是力的第五个特征——独立性。

二、力的三要素

再让我们来看看空中的一只气球，当其他物体和气球发生相互作用时，它的运动状态会发生改变。气球的运动状态会如何变化只和三个因素有关系：一是相互作用的强弱，作用越强气球运动变化就越快；二是相互作用的方向，它决定了气球将飞向何方；三是作用施加在气球的什么位置，我们用手指沿着气球边缘去触碰时，它会发生旋转，而触碰气球的中部时则不会。只要这三个因素相同，无论相互作用是源于引力还是静电，或是用手指去触碰，都将产生相同的效果。

物理学家用产生的效果来作为定义力的标准。只要产生相同的效果，不论这个效果是源于引力相互作用、电磁相互作用还是其他哪种相互作用，我们都可以把它们看成一样的力，它们都遵循相同的规律。

所以，决定产生效果的因素，就是力的要素。从气球的例子我们就可以知道，力的三要素是：描述相互作用强弱的“力的大小”；描述相互作用方向的“力的方向”；描述相互作用发生的位置或者等效于相互作用发生位置的“力的作用点”。

三、力的规律

当我们只关心物体的形状和运动状态的变化时，可以不用面对复杂的相互作用的细节，只需要关心相互作用的共性——力的特征和三要素，再加上几条简单的规律就能解决大多数问题。

比如一根弹簧被拉长，无论是因为悬挂了一个重物（地球对重物的引力）还是一块强磁铁（和另一块强磁铁之间的磁力），从力的角度看，这个过程多数时候都遵循英国物理学家罗伯特·胡克提出的胡克定律，即弹簧伸长的长度与它所受到的力成正比。

而牛顿提出的万有引力定律和运动三大定律，更揭示了从天上到地下的大自然中万物运转的秘密，让我们知道了苹果从树上落下和月亮围着地球转、地球围着太阳转其实遵循的是相同的规律。在

我们的日常生活中，从跑步到开汽车、坐火车，无论背后是怎样复杂的相互作用过程，大都可以用力的这四条基本规律分析、解决。

这四条规律是：

万有引力定律	两个物体总会相互吸引，引力大小和它们质量的乘积成正比，和它们之间距离的平方成反比。
牛顿第一定律	任何物体都要保持匀速直线运动或静止状态，直到外力迫使它改变运动状态为止。
牛顿第二定律	物体加速度的大小跟作用力成正比，跟物体的质量成反比，加速度的方向跟作用力的方向相同。
牛顿第三定律	相互作用的两个物体之间的作用力和反作用力总是大小相等，方向相反，作用在同一条直线上（分别作用在两个物体之上）。

最后，让我们来看看莱布的狡辩。他说的有关力的特点确实没错，力确实是相互的，但是相互作用的两个物体对力的承受能力是不一样的。当鸡蛋和石头相互作用时，鸡蛋对石头的作用力和石头对鸡蛋的反作用力总是大小相等，方向相反，同时产生和消失，但石头完好无损而鸡蛋却会破碎。莱布的手显然比卡尔的背对力的承受力要强，况且莱布如果不伸手，相互作用并不会发生，所以莱布的狡辩是不能成立的。

力是相互作用的，所以一定发生在两个物体之间，那么，你能找到只发生在一个物体上的力吗？比如没有任何东西帮助，一个东西的运动状态凭空就发生了改变。

⑨

四两拨千斤——力的大小与缩放

传说，古希腊哲学家阿基米德声称："给我一个支点，我就能撬起地球。"叙拉古的赫农王对此将信将疑，他对阿基米德说："撬起地球没法实现，你还是先帮我拖动一条大船来证明吧。"这条大船是赫农王为埃及国王建造的，因为太过巨大沉重，搁浅在海滩上无法下水。阿基米德精心设计了一套杠杆和滑轮系统，将它们安装在船上，然后把绳子的一端交给赫农王。赫农王用力一拉，船果真动了起来，不一会儿就顺利入海。赫农王由衷地叹服，还向所有人宣布："不管阿基米德说什么，我们都应该相信他。"

现在，我们对力的概念、特点和规律有了初步的了解。接下来，我们就要如“科学的基础——计量”一章中所说的那样，还需要给力定下标准，才能制造出“测力计”，然后去定量测量各种力的大小。在精确测量的基础上研究各种力学现象，这样才是科学。那么，力该怎样定义，又该如何测量呢？

一、力的定义和测量

如前文所述，我们是从产生效果的角度来描述力的相互作用的，所以我们也将通过它产生的效果来定义它。今天的物理学中规定力的单位是“牛顿”：当一个力作用在一个质量为1千克的物体上时，如果这个物体的速度每秒钟改变1米每秒，那么这个力的大小就是1牛顿，力的方向则是沿着物体速度方向变化的方向。比如在一个光滑的水平桌面上放一个1千克的表面光滑的小铁块，用一个力去推它。如果它一开始静止，1秒后速度变成1米/秒，第2秒时速度变成2米/秒，第3秒时速度变成3米/秒……物理学家把单位时间里速度的变化称为“加速度”（单位是米每平方秒），那么这个力的大小就是1牛顿，而方向则是沿着从静到动的那个运动方向。

需要注意的是，速度变化的方向并不一定沿着速度的方向，如果小铁块一开始有一定的初始速度，用力之后物体仍沿着原来的方向运动，但速度大小不断减小，那么这时速度正在向相反的方向变化（加速度的方向和速度方向相反），力的方向正好和物体运动的方向相反。如果小铁块滑出桌面，则会在垂直向下的重力作用下，沿着一条弯曲的抛物线掉到地上。在这个过程中，小铁块速度的方向不断向下偏，速度变化的方向（加速度方向）和重力方向一致，始终垂直向下，和速度的方向并不在一条直线上。

按照物理学对力的定义，用测量运动改变的方式来测力在实际操作时不太方便。于是，负责计量的科学机构会按照物理学对力的基本定义来确定一些已经知道精确大小的力，比如一个标准砝码在地球上某一地方所受到的重力，然后用这个力施加在其他一些装置上，让这些装置产生形状变化、电压变化等效果，从而建立起不同大小的力和形状变化、电压变化等效果之间的精确关系，于是，我们就可以通过其他一些方便使用的效果来测量力了。生活中常用的弹簧秤，就是利用力使弹簧产生的形变来测量力，而电子秤则是利用“压电效应”，通过测量压力产生的电压变化来测量力的大小。

二、力的放大和缩小

引子中提到的阿基米德移动大船的故事流传很广，也有一些不同的版本，具体的细节其实不得而知。不过，我们清楚知道的是在阿基米德所处的时代，人们虽然还没有形成如前两章中介绍的对力较为系统、深刻的认识，但对生活中的各种力学现象已经进行了深入的研

究。杠杆原理就是阿基米德在《论平面图形的平衡》一书中提出的。杠杆原理由几条公理组成，我们最熟知的结论是：当一根可以忽略质量的杆上挂的两个重物平衡时，它们离支点的距离与重量成反比。

我们中国古代的杆秤也是杠杆原理的重要应用实例。春秋战国时期墨家学派的《墨经》中也有“衡，加重于其一旁，必捶，权重相若也。相衡，则本短标长。两加焉，重相若，则标必下，标得权也”的记载。其中“衡”指平衡，而“标”“本”“权”“重”如图所示。

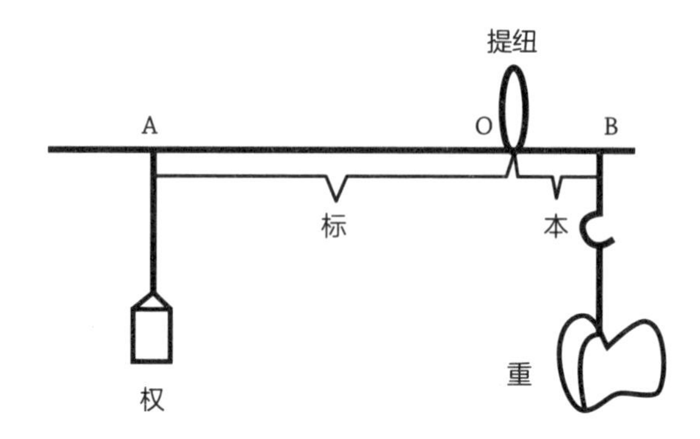

《墨经》中的这些描述虽然没有精确定量，但同样表达了杠杆原理的含义。

我们把力的作用线到支点的距离称为力臂，根据杠杆原理，支点两侧的力与力臂的乘积相等，那么，我们就可以利用改变两侧的力臂长短，对力进行“放大”。

当用撬棍撬起重物时，只要让我们自己这一侧的力臂是重物那一侧力臂的100倍，那么重物与杠杆之间的作用力就将是我们这一侧作用力的100倍。不过，虽然这样比较省力，我们却也会付出相应的代价，就是撬杠上我们手握的这个位置如果移动了足足1米，重物却只能移动1厘米。

所以，杠杆原理还有一条很重要的规则，就是在杠杆两侧，力与沿着力的方向移动距离的乘积也相等。力与沿力方向移动距离的乘积在物理上叫做功，也就是说，杠杆两侧的功也始终相等。按照这个规则，我们也可以通过“缩小”力的方式来换取比较长的距离。比如古代的抛石机，在短的一侧挂很重的重物，那么，重物落下很短的距离就能够让长的一端的悬挂物运动很长的距离，从而把石头抛射出很远。

注意观察我们身边的剪刀，剪铁皮的剪刀通常把长刃短，这样可以“放大”我们手的力量来剪开铁皮，不过一次只能剪开很短的一小段；而裁缝用来剪布料的剪刀不需要那么大力，所以做成把短刃长的

样子，通过“缩小”力的代价来获得一次剪开更长距离的效果。

生活中其实还有很多看起来完全不像杠杆的东西其实也在利用杠杆原理。比如滑轮，定滑轮的支点在转轴上，是两侧力臂一样的杠杆（等臂杠杆），它不会“缩放”力，只能改变力的方向；而动滑轮的支点在滑轮边缘，绳子的力臂是滑轮轴的2倍，因此动滑轮可以让我们的力变成原来的2倍。如果巧妙地把定滑轮和动滑轮组成合适的滑轮组，那么我们就可以把力“放大”很多倍。大吊车、起重机通常都会用到这样的方法。当然，省力的同时，则要以移动更长的距离作为代价，所以拉绳子拉了好半天，重物才被提起了一点点。

此外，还有斜面（包括螺丝在内）、齿轮等的设计，都遵循了相同的规则：省力 —— 费距离；省距离 —— 费力。

1. 除了杠杆、滑轮，你还见过哪些能够放大或是缩小力的装置？你能设计一个放大或者缩小力的装置来帮助你完成一些动作吗？

2. 寻找家里、学校里那些对力进行放大或是缩小的装置，填写下表。

放大力的装置		缩小力的装置	
装置名称	装置特点	装置名称	装置特点
铁皮剪刀	剪刀刃短手柄长	裁缝剪刀	剪刀刃长手柄短

⑩

液体的力量——压强与浮力

传说在2000多年前，叙拉古的赫农王请金匠帮他打造了一顶王冠。赫农王想知道拿到的王冠中是不是掺了假，于是请来阿基米德帮他检验，前提是不能损坏王冠。这个问题让阿基米德觉得很困扰，日思夜想如何解决它。

一天，当阿基米德准备跨进浴盆泡澡的时候，原本已经注满浴盆的水溢了出来。阿基米德灵光一闪，从浴盆中溢出的水不恰好就等于他自己身体的体积吗？虽然国王拿到的王冠和给金匠的金子一样重，但如果掺入了其他东西，那么它的体积就会有所不同。只要用排水的方法测量出王冠的体积，就能知道黄金王冠有没有掺假了。

有关阿基米德洗澡时发现排水法测体积的故事有很多个版本，今天已经很难考证当时的情况究竟如何。不过我们确切知道的是，在《论浮体》中，阿基米德通过研究各种不同比重（单位体积的重量）的固体放在水中的沉浮情况，总结出了与杠杆原理齐名的重要规律——阿基米德浮力定律。

一、浮力定律

不难看出，浮力是按照作用效果来起的名字，它产生的作用就是把放在水中的物体“往上托”。阿基米德总结的浮力定律告诉我

们：放在液体里的物体受到向上的浮力的大小，等于它所排开的液体的重量。

这条规律对各种液体和气体都适用。我们就以水为例，一个放进水中的物体是沉还是浮，就要看它自己的重量和它排开水的重量哪个更大，或者说这个物体和水的比重（单位体积的重量）哪个大。因为“重量”很容易和“质量”“重力”这两个物理量混淆不清，在如今的物理学方面的书籍中，“比重”这个词用得越来越少，代之以单位体积中物体的质量——密度，来判断物体在水中的浮沉。一般来说，密度比水大的物体就会下沉，比如石头、铁块等；而密度比水小的则会漂浮在水面上，比如塑料泡沫、木头等。

那么，是不是密度比水大的东西就一定没法漂浮在水面上呢？在阿基米德之后很长的时间内，人们都是这么认为的。可今天，我们在生活中经常能见到钢铁做的轮船航行于江河湖海中。密度比水大很多的钢铁制成的巨轮之所以能够漂浮于水面，关键在于其中空的结构。阿基米德用排水法测量皇冠的体积，证明皇冠的密度比黄金的密度小，金匠因此被国王处罚的故事还有个续集：多年后，一位老太太拿了一个黄金做成的球，请阿基米德帮她验证有没有掺假。阿基米德用与检验皇冠相同的方法测量后，宣布这个球的密度比黄金小，其中可能掺入了白银或其他东西。可这位老太太当众切开了黄金球，大家发现里面竟然是中空的。原来，当年金匠制作的皇冠有许多中空的结构，通过排水法测出的其实是“平均比重”。皇冠中空心的部分越多，平均密度就会越小，并非掺假。这时，大家才知道这位老太太是金匠的母亲，她终于通过自己的智慧为儿子洗清了冤屈。

这个续集故事很有可能是后人杜撰的，不过其中的科学道理却没有错。用密度来判断物体的沉浮，仅仅适用于实心的物体，对于空心的物体，则得用物体总质量除以总体积得到的平均密度来判断。水里的鱼儿就是通过改变体内“空心”的鱼鳔的大小，来调节自己的平均密度，从而实现在水中自由沉浮的。潜水艇借鉴了鱼儿的方式，通过调节内部充气区域的大小来控制下潜和上浮。

二、浮力的来源

浮力究竟是因为什么产生的呢？

我们在泳池里玩憋气潜水的时候，会发现下潜得越深，身体感受到四周水的压迫就越强烈。尤其是如果不戴耳塞，潜深后耳朵很容易被压进水，这就是水给我们的压力。

找一个透明的漏斗来模拟我们的身体，在漏斗的细管一侧套一根橡皮管联通空气，在漏斗口上套一块气球皮后放进水中。你会发现蒙在漏斗口上的气球皮在水里会被水压成凹型，漏斗在水中的位置越深，气球皮被压凹得越厉害；而当固定在一个位置时，不管朝上、朝下、朝左、朝右，气球皮在各个方向上被压凹的情况都一样。这个实验表现出了水压的两个特点：任意位置上各个方向的水压大小都一样；越深的地方水压越大。这是所有的流体，包括液体和气体共有的特点。放进水中的物体下部处于较深位置，受到的向上的水压比较大，而物体上部处于较浅的位置，受到向下的水压比较小，这上下受到的水压之差就是浮力的来源。

假如一个池塘底部有很多淤泥，游泳时不小心踩进了淤泥里，此时踩进淤泥的脚并没有和水接触，自然也没有向上的水压，而只有向下的水压，因此就产生不了浮力（多数时候只是部分身体陷入淤泥，因此处于水中的部分还承受少量向上的水压，浮力并不会完全消失，但是会变得很小），这时想要浮上水面就很困难了。这是一种十分危险的情况，所以为了安全起见，小朋友们尽量不要游野泳！

另外，因为不同深度的水压不同是由于地球的引力导致的，所以当我们飞到太空中处于失重状态时，不同深度的水压不再有区别，浮力也就不存在了。

三、压强和帕斯卡定律

对于静止的水或其他液体、气体，在一定深度上，一个平面受到水的压力大小是和平面面积成正比的。物理学家们用压强来表示单位面积上的压力，那么所有静止的液体和气体内部某一位置的压强只和深度有关。

1648年，法国物理学家帕斯卡在一个密封的木桶上接了一根细长的管子，然后站在楼上的阳台向这根长管子里倒水。虽然只倒了很少的几杯水，但因为管子很细，水位升高得很快，木桶口处对应的水深迅速增加，压强也陡然变大。倒进管子里的水虽然自身的重

力并不大，可是木桶中的水传递的并不是这个力，而是这个力除以细管面积得到的那个巨大的压强。当这个作用在木桶各处的压强乘以整个木桶的面积时，变成了一个巨大的力，一下子就把结实的木桶撑裂了。这就是著名的帕斯卡裂桶实验。

这是有关水的另一个有趣的规律（对其他不可压缩的流体也一样），如果我们在水的某一点施加一个力，那么水并不是把这个力传递出去，而是传递这个力除以作用面积得到的压强。这就是著名的帕斯卡定律：不可压缩的静止流体中任一点受外力而压强增加时，这个增加的压强将瞬时传至静止流体的各点。利用帕斯卡定律，就可以像前面提到过的杠杆和滑轮现象一样，放大或缩小力，我们身边的液压千斤顶就是利用这样的原理运作的。

事实上，压强的传递也是需要时间的，它的速度等于水中的声速。不过声音在水中传播的速度很快，为每秒钟一千多米，我们身边的大多数装置尺寸都很小，因此可以认为这个压强传递的过程是瞬间完成的。

空气和水是我们生活中必不可少的物质，我们今天只说了它们处于静止的、体积不发生变化状态时的那些简单、基本的规律。下一章我们将介绍关于流动起来的液体的规律。不过，那也只是最简单的介绍，实际生活中的流体至今都还是让物理学家们头疼的研究对象。

把形状和大小完全相同的木块和铁块放到水里，等它们都静止不动时，谁受到的浮力比较大呢？为什么？

⑪

飞机与火箭 —— 伯努利原理和动量定理

元末明初，浙江有个叫陶广义的人，爱好炼丹。在一次炼丹发生燃烧爆炸后，他对“玩火”产生了兴趣，从此开始研究制作各种火器。后来，他因制作的火器在战事中屡立奇功，成为明朝的开国功臣，被朱元璋赐名“成道”，封“万户”。人们就叫他“陶万户”。

陶万户晚年梦想飞天。他在一把椅子上绑了几十个火箭（其实就是大号的“窜天猴”），两手各拿一只大风筝，然后让弟子点火发射。不幸的是，椅子刚离开地面不久就发生了爆炸，他也为此付出了宝贵的生命。

“万户飞天”的故事有许多个版本，细节各有不同，但举世公认他应该是人类最早的航天探索者之一。今天，月球背面的一座环形山还是以他的名字命名的呢。

在东西方各个主要文明的神话传说中，能够摆脱地面的束缚，自由自在地在空中飞行，都是人们向往的神祇们的必备能力之一。这些传说让我们感受到，离开地面是深藏于全人类心中的一个久远的梦想。从古到今，为了实现这个梦想，人类也付出了许多努力。

一、飞天的早期探索——风筝和孔明灯

“草长莺飞二月天，拂堤杨柳醉春烟。儿童散学归来早，忙趁东风放纸鸢。”清代诗人高鼎的《村居》我们从小就能背诵。其中的纸鸢，也就是风筝，也许算是人类尝试离开地面最早的探索。它的灵感也许来自飞鸟或是风中飞舞的树叶，抑或是驱动水中行船的风帆，这些事物运转的原理，其实都是利用一个平面和来风之间形成一个夹角，让风对平面产生一个斜向上的压力，从而把平面托举在空中。

相传早在两千多年前的春秋战国时期，墨子就用木头制成了木鸟。后来，鲁班用竹子改进了墨子的设计，制作了最早的风筝，古籍上甚至还有他“尝为木鸢，乘之以窥宋城”的记载。

当然，从现代科学的角度看，鲁班当时做的风筝恐怕从材料到

结构都很难完成载人的任务。今天可考证的有关风筝的历史大约可以追溯到汉代。到了南北朝至隋唐时期，风筝已经开始用于传递军事信息。大约公元10世纪，风筝传到日韩，公元13—14世纪又传到欧洲，从此，这种模仿鸟儿御风飞行的最原始的方式，为后来飞机的发明提供了重要的灵感。

探索天空的另一个方式是借助空气的浮力。虽然浮力原理是由古希腊的阿基米德发现的，但利用空气的浮力飞向天空的最早尝试则可能发生在中国。汉代的《淮南万毕术》中就有“艾火令鸡子飞”的记载，描述的大概就是利用燃烧的艾草驱动鸡蛋壳起飞的一种微型热气球，这一记载距今有1000多年。而流传至今的孔明灯，则被公认为是热气球的雏形。1783年，法国人蒙哥尔费兄弟按照孔明灯

的原理制作出了人类最早的可载人的热气球，为人类离开地面迈出了坚实的一步。

二、飞机——大气层内的主要飞行工具

希腊神话中的伊卡洛斯用蜡粘羽毛做成翅膀，试图飞跃大海，逃离克里特岛，却因为距离太阳太近，蜡融化后翅膀损坏而坠海身亡。而对今天的我们来说，乘飞机飞越高山大海已经很普遍了。

不过，这样的便利对人类而言只有短短的百年历史。自1903年莱特兄弟的飞机试飞成功后，飞机的发展日新月异，到了20世纪20年代，飞机已经可以载运乘客。1939年，世界上首架喷气式飞机诞生，让飞机的飞行速度大大提高。今天，我们乘坐普通的民航客机

绕地球一圈也只需要几十个小时。

飞机的发明虽然是受到了风筝的启发，但它的飞行原理却与风筝并不相同。飞机的升力来自于它特殊的机翼形状。机翼的上表面通常会明显地隆起，而下表面则比较平直。瑞士数学家丹尼尔·伯努利在1726年提出了“伯努利原理”，它是空气、水这样的流体遵循的基本规律之一。伯努利原理最重要的推论之一就是流动速度快的地方压强比较小，而流动速度慢的地方压强比较大（当然有一些限制条件）。飞机在空气中高速穿行时，隆起的上表面处空气流速比较快，而下表面处的流速相对慢，由此产生的压差为飞机提供了升力。

三、火箭 —— 奔向星辰大海的唯一选择

无论是风筝、热气球还是飞机，它们离开地面都需要借助空气的力量。而当我们要飞出地球奔赴星辰大海的时候，这些工具则都会因为离开了地球的大气层而失去效用。这时，就要借助另一个物理原理 —— 动量定理。

如果你留意影视剧中枪炮射击的情节，就会观察到子弹或炮弹

高速出膛的同时，也会对枪身或炮身产生一个明显的“后坐力”，这种现象叫作“反冲”。反冲运动所遵循的物理原理是动量定理的一个特殊情况：在没有外力或者外力很小的情况下，一个物体不同部分的质量与速度的乘积（动量）之和保持不变。炮弹和炮身原本都静止不动，开炮时炮弹向前高速飞出，炮身也会产生一个向后的速度，炮身的质量与自身速度的乘积正好等于炮弹的质量与自身速度的乘积，两者方向相反相互抵消，这样水平方向的总动量依然保持不变。

在万户飞天的故事中我们提到过的“窜天猴”，就是在一个竹筒里装满火药，尾部留下一个喷口的装置。里面的火药被点燃后产生的气体高速向后喷出，这样竹筒就会在动量定理的作用下产生一个向前的反冲运动。火箭的设计也采用了相同的原理，在这个过程中不需要周围空气的帮忙，只需要带足燃料就能够飞出地球，奔向星辰大海。

人类的飞天梦从未停下脚步。今天，科学家们还在试图研究出以核燃料为动力的火箭以飞得更远，甚至还提出了通过空间曲率驱动，或是时空中的虫洞在宇宙中穿梭的假设。不过，目前这些方案都还只是处于假说的阶段，还需要人类一步步脚踏实地地去验证和探索。

科幻电影《流浪地球》中，推动地球在宇宙中穿行的动力来自于巨大的“行星发动机”，它的工作原理是什么？为什么不能像哆啦A梦的竹蜻蜓那样用螺旋桨推动呢？

科学小实验

动动手，试着让气球带动飞机“飞行”吧。

实验材料

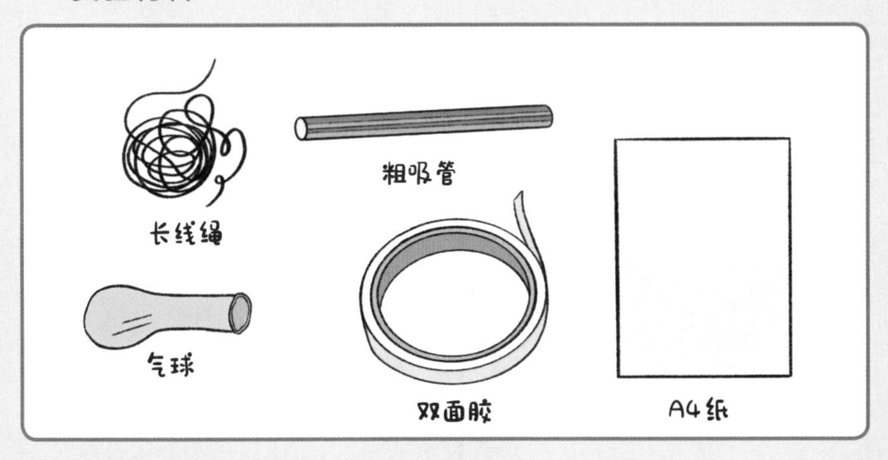

实验步骤

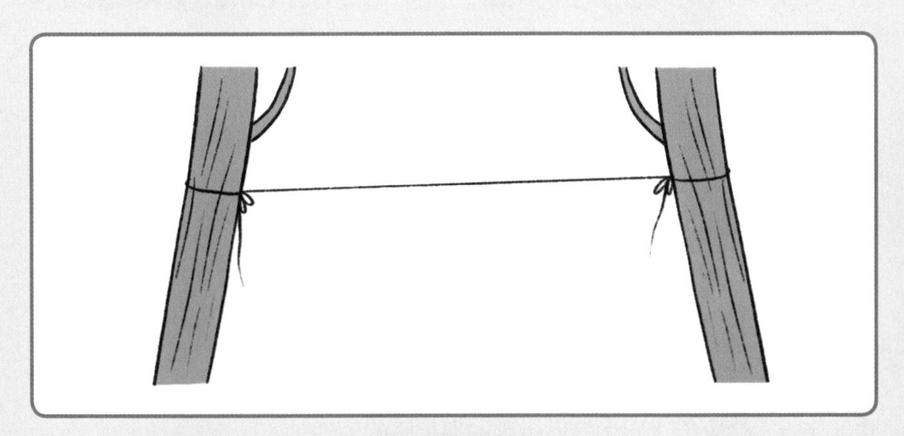

1. 把长线绳固定在柱子、树干等的两端。

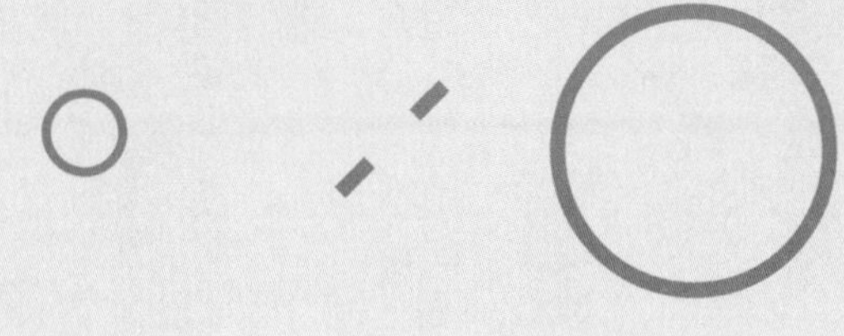

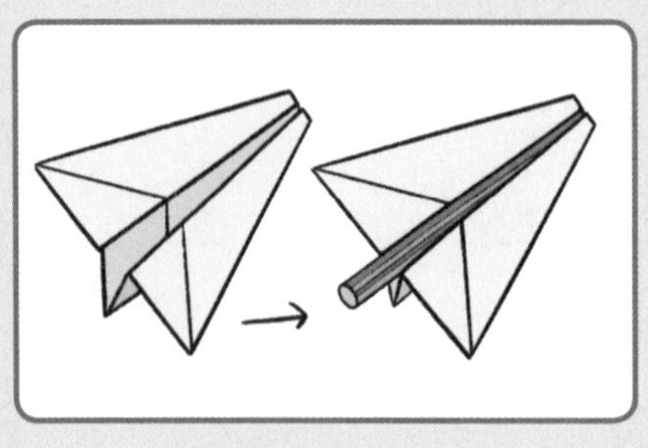

2. 用A4纸折一架纸飞机，用双面胶把吸管固定在纸飞机中央。

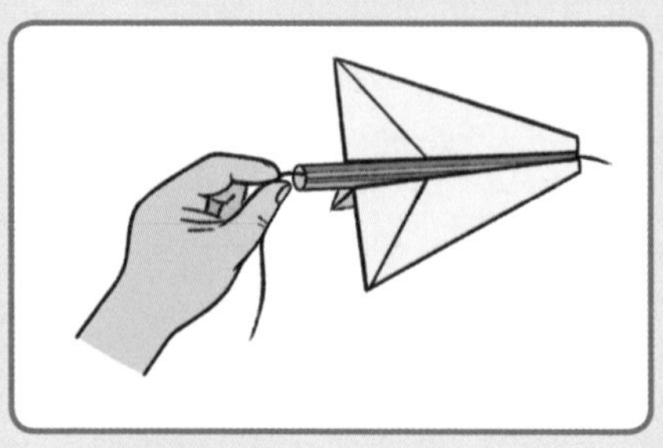

3. 将粗吸管从线绳一端套进去。

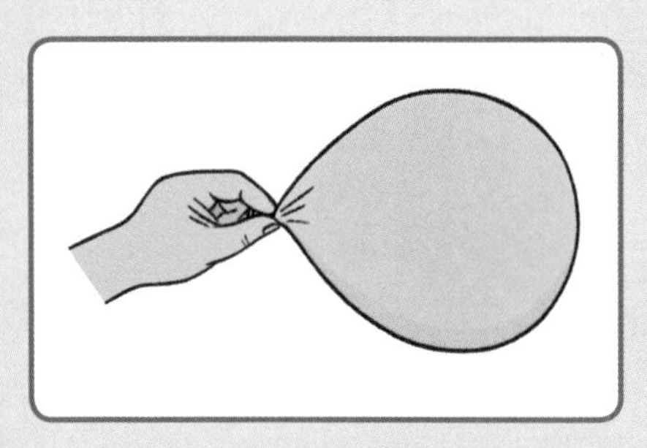

4. 将气球吹大后捏住气球嘴，并用双面胶粘在纸飞机上。

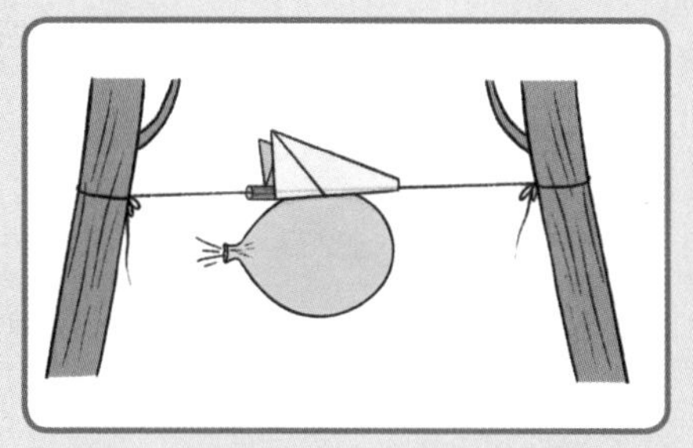

5. 放开气球嘴，观察气球如何带动飞机在线绳上“飞行”。

实验原理

当一个静止的物体分成两部分的时候，如果其中一部分向某个方向运动，另一部分就会向相反的方向运动，这种现象叫作反冲运动，两部分之间相互“推动”的力叫作反冲力。在我们的实验中，气球中的空气向后“喷射”，气球就会受到反冲力的作用向前飞。这个“气球飞机”在真空中也能飞行，让火箭飞出大气层运用的是相同的原理。

⑫

声音的来源 —— 振动与波

清晨，我们被闹钟叫醒，起床穿好衣服，背起书包，穿过喧闹的马路，在欢快的音乐声中踏入校园，走进教室。一阵“丁零零”的上课铃响后，老师在讲台上开始滔滔不绝地讲授知识……这是多么熟悉的场景，我们每天都不断重复地经历着。在这个过程中，有一个现象是当之无愧的主角 —— 那就是声音。

闹钟发出了声音，街上的汽车发出了声音，广播喇叭放出了声音，老师口中传出了声音，那么声音到底是个什么东西呢？它是一种射线？一种物质？或是我们和那些发出声音的物体之间的心灵感应？

一、什么是声音

让我们先来仔细看看声音到底是怎么产生的。找一把吉他或者其他任何弦乐器，当你拨动一下琴弦，能够看到这根琴弦在原来的位置左右来回地摆动，与此同时，我们也听到了一个声音。当你用手指按住琴弦，它不再振动的时候，声音立刻消失。再拨动一下，琴弦振动起来，声音又出现了。用手指按住它，声音又消失了。重复许多次情况都相同，看来琴弦像这样来回地摆动就是声音的来源，科学家们把它称之为振动。

声音是由一个物体的振动发出的，那是不是物体的所有振动都能发出声音呢？倒也不是。我们平常所说的声音，指的是能被我们的耳朵感知到的那些振动。一个物体的振动能够被我们的耳朵识别出来，其实需要两个条件。

第一，我们并不会什么“心灵感应”，没有办法隔空感受到物体的振动。只有物体的振动带动了周围其他东西跟着振动，通过周围的东西把振动传播出去才能发出声音。就像你往平静的水面上扔一个小石子，石子敲击水面产生振动，带动周围的水面随之振动，形成一圈圈逐渐扩散开去的涟漪。当这些“涟漪”进入到我们的耳朵，带动耳朵里的听觉细胞振动起来，产生生物电信号，传到我们的大脑，我们才可能感受到物体的振动。那些能把物体的振动传到别处的东西，科学家们把它们统称为媒介或者介质（也就是作为媒介的物质）。如果没有媒介传播振动，即便两个人面对面说话，也互相听不到对方说什么。你看电影里太空中的宇航员，虽然距离那么近，

也都是靠打电话才能交流。

第二，并不是所有被媒介传到我们耳朵里的振动，都能被我们“听”到，只有大约每秒20次到2万次之间的振动，才能被我们的耳朵识别。科学家把振动的快慢叫作频率。频率的单位是用一位科学家的名字“赫兹”来命名的。1赫兹就是每秒钟振动1次。

二、我们怎么描述声音

当你在家向你的爸爸妈妈描述某位同学的时候，除了说那位同学是男生还是女生之外，总得找点特点来描述，比如个子有多高，是胖是瘦，眉毛眼睛嘴是什么样子的，等等，这些就是这位同学的特征。而想要描述声音的样子，也要列举一些声音的特征。你会怎么样描述声音呢？

我们很容易直接感受到声音有三个特点，它们分别是：声音的大小——响度；声音粗重还是尖细——音调；不同乐器演奏同一曲谱，或不同的人演唱同一首歌时能听出的区别——音色。通常我们就通过这三个特点来区别一个声音和另一个声音的不同。将来你们的物理老师会把这三个特点叫作声音的三要素。

不过这三个特点都是我们的主观感受。现在我们已经知道了，声音本身其实就是一种振动，那我们主观感受的不同到底是怎样产生的呢?

拿出吉他使劲地拨一下，你会看到琴弦振动的幅度很大，同时发出的声音也很大。而当你轻轻拨一下的时候，振动的幅度小，发出的声音也就比较小。

没错，声音的大小其实就是由振动幅度的大小决定的。如果你去观察一个纸盆喇叭的振动，也会看到相同的情况，纸盆振动的幅度越大，发出的声音通常也就越响。

那么，音调又是怎么回事呢?

我们还是拿吉他来举例。似乎比较短、比较细、拉得比较紧的弦，发出声音的音调就高一些。如果再仔细些观察和测量，你就会发现，原来音调高是因为振动得比较快。没错，决定音调高低的因素就是振动频率的大小。振动的频率越高，音调就越高，反之就越低。

当我们用两种不同的乐器演奏同一首曲子时，即便响度和音调完全相同，我们也能分辨出这两种乐器，比如钢琴和管风琴，这就是音色的不同之处。

那音色的不同又是为什么呢？

原来，一根弦在振动时，其实有很多种不同频率的振动同时存在。音调是由其中那个频率最低、幅度也最大的频率决定的，这个频率叫作基频。

除此之外，还存在许多个和基频成整数倍关系的频率，叫作谐频。就像我们看到的白光，其实是由红、橙、黄、绿、蓝、靛、紫等各种颜色的光组成的一样，我们听到的声音其实也是由很多不同频率的振动混合在一起形成的。两种不同的乐器发出同样音调的声音，只是它们具有相同的基频而已，而各自的谐频成分并不相同，比如其中一个有100倍、300倍、500倍于基频的谐频，而另一个则有2000倍、4000倍、8000倍于基频的谐频。那么，两者的音色听起来就不相同了。

综上所述，我们知道了，从振动的物体发出，经过媒介传到我们耳朵里，而且频率在20到2万赫兹之间的振动，就叫作声音。在文章开头讲的那个场景，我们听到的所有的音乐、人的说话声和汽车的喇叭声都在这个频率范围之内。产生声音的条件有两个：一是要有振动的物体，也就是振源；二是要有把振动传播出去的媒介，也就是介质。

当然，以上说的声音是对我们人类而言的，不同动物能识别的振动频率范围和人类很不一样，比如蝙蝠就能“听”到2万赫兹以上的振动。所以从物理学的角度来说，所有从振源发出，经过媒介向四周散播的振动，和我们能听到的声音本质上是相同的。因而科学家们有时会把这一类现象统称为声现象，其中频率在20到2万赫兹之间能被我们耳朵直接听到的，我们就称之为“声”，频率低于20赫兹的被称为“次声”，而频率高于2万赫兹的则被称为“超声”。

1. 我们常认为声音顺风能传得比较远，而逆风则传得比较近；神话故事里也有“顺风耳”的说法。真的是这样吗？声音的传播对风有什么要求吗？

2. 找一个玻璃汽水瓶或酒瓶，在里面装一些水，分别试一试，用嘴向瓶口吹气和用筷子轻轻敲瓶口的声音有什么不同；改变瓶子中的水量，再分别重复两种动作，看看声音分别有什么变化。

⑬

冷热的尺子——温度的定义和测量

寒冷的冬天，走在冰天雪地里，即便裹着厚厚的羽绒服，依然会感觉到从缝隙中钻进的冰冷的空气；而在炎热的夏天，炽热的阳光烤得到处都发烫，有些地方的路面甚至能把鸡蛋烤熟……这些都是我们生活中再平常不过的经验。感知冷热是我们与生俱来的能力，而人类与对冷热感知的理解和实践的历史也非常久远，最典型的例子就是早在远古时代，人们就已经懂得利用火来取暖和烹饪食物了。

这些和冷热感知相关的现象，我们称之为热现象，而物体的冷热性质，就叫作热性质。

人类对热现象的认识是从感知冷热开始的，但人类的感知往往受到很多因素的影响，难以满足科学对准确性和可重复性的要求。让我们来做一个小实验：在桌子上放3个杯子，杯子中分别盛有冰水（0℃）、温水（大约20—25℃）和热水（大约45℃左右，以手指放进去感觉热但不会被烫到为宜）。伸出一根手指，把它浸泡在冰水中大约1分钟，然后把手指从冰水中拿出来，马上放进温水，此时你会感觉那杯温水是热的。而如果你先把手指放进热水杯中浸泡1分钟，然后立刻拿出来放进温水杯，那么你会觉得温水杯里的水是凉的。

明明是相同的一杯水，因为手指之前浸泡在冷水或热水的区别，人体会自动进行调节和适应，因此将手指先后放进温水时的感知，也就有了两种不同的结果。

一、温度的定义和测量

通过前文中介绍的有关单位和计量的知识，我们知道要科学地研究热现象，首先就得找到一个合适的描述冷热程度的“尺子”——温度，然后在这把“尺子”上打格子——温标，这样我们才能够精准地测量物体的冷热程度，进而研究相关的热现象。

既然冷热程度看不见摸不着，我们只能借助和它有关的那些能看见的现象来衡量它。和热有关的现象非常多，最常见的就是——热胀冷缩。1592年，伽利略把一个带有细长脖子的大玻璃泡倒扣在葡萄酒中，让玻璃泡中留有少量的空气。当外界温度变化时，空气热胀冷缩，葡萄酒的液面就会在玻璃泡的细长脖子中上下变化。这是人类最早的有关观测温度装置的记载。不过伽利略的这个装置还不能叫作温度计，因为上面并没有“格子”。

伽利略之后，意大利西芒托学院的法国物理学家阿蒙顿等人都曾尝试为衡量冷热的装置“打格子”。到了1714年，德国人华伦海特利用水银热胀冷缩的性质制作了水银温度观测装置。他把这个装置放进氯化铵和冰水的混合物中，规定此时的水银的高度表示0度，再用同样的装置测量他夫人的体温，规定此时水银液面的高度表示96度，然后，他再将两者中间均匀等分，用这样的方式给温度打了“格子”。后来他把这种“打格子”的方式进一步修改成规定纯水结冰时为32度，而沸腾时的温度为212度，二者之间进行180等分。

1724年，华伦海特给温度“打格子”的方法——华氏温标正式建立，用符号“℉”来表示其度量单位，中文译作：华氏度。直到今天，还有一些国家仍在使用华氏温标。

我们熟悉的“摄氏温标”则是1742年时由瑞典物理学家摄尔修斯利用水银的热胀冷缩现象创立的。他规定水结冰的温度为0度，水沸腾的温度为100度，中间均匀等分，每一份计为1度，用“℃”来表示。

今天，人们已经不限于根据物体热胀冷缩的性质制作温度计，也会利用不同温度下气体压强不同而制成气体温度计，还会利用不同温度下电阻或产生电压不同的现象制成热电阻温度计和热电偶温度计，还能利用不同温度物体的红外辐射不同这一现象制成红外温度计。

二、热的本质

我们虽然了解了如何制作和使用温度计来测量物体的冷热程度，但其实却并不知道热到底是什么。

最早，人们以为热是一种特殊的、看不见摸不着但是会流动的物质——热质，并认为这种热质神秘地渗透在所有我们能看得见摸得着的物体中，且它的总量守恒，不生不灭，会像水从高处流向低处那样从高温物体流向低温物体，例如凸透镜聚焦太阳光点燃干草的过程就是热质被凸透镜聚集的过程。这种“热质”的假说能够解释一些热现象，曾经被许多科学家接受。化学家拉瓦锡还曾经把热质和其他化学元素一起列在元素表中（并不是门捷列夫之后才有的那个化学元素周期表）。可是，冰融化成水或水沸腾变成水蒸气时一直吸热，但温度却不发生变化，这种现象用“热质”假说是难以解释的。

1798年，伦福德伯爵发现兵工厂在制造大炮、切削炮管时，炮身、切削的刀具以及被切下来的金属都变热了，如果用比较钝的刀具去切时，切下来的金属少但是温度变得更高。于是，他提出“热”应该是一种运动。1799年，英国科学家戴维做了两块冰相互摩擦的实验，对“热质”说提出了进一步的挑战。1878年，焦耳通过接近40年的实验测定出了通过用力做功的方式产生热的热功当量。19世纪中叶以后，随着对物质的认识越来越深入，人们终于认识到热现象是由于组成物质的原子、分子在各自位置附近不断做微观上的振动（称为热运动）而产生的。原子、分子这种热运动越剧烈，物体就越热，温度就越高；反之，热运动比较缓慢时，物体就越冷，温度就越低。

研究热现象和物体热性质的热学是物理学中最重要的分支之一，正是由于热学的发展，人类才发明了蒸汽机，利用火来驱动机器为我们干活，从而推动整个社会进入了现代的工业化阶段。

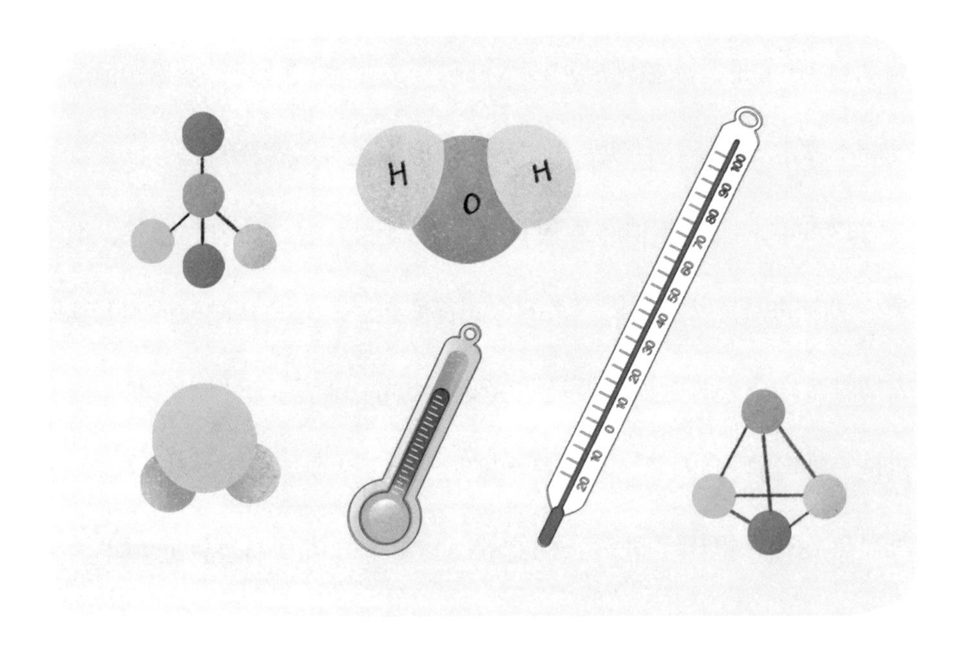

1. 位于南极大陆的富士冰穹上，最低气温能达到-90℃以下；而巴基斯坦的气温则能达到50℃以上。在你见过的物体中，温度最高的是什么？温度最低的又是什么呢？

2. 除了利用物体热胀冷缩的特征，生活中还有许多测量温度的方法。找一找身边的各种温度测量装置，看看它们都是利用什么方式来测量温度的。

测温装置	测量方式
酒精温度计	利用酒精的热胀冷缩
红外测温仪	利用不同温度物体发射的红外线不同

⑭

有得必有失 —— 能量守恒定律

1878年的一天，一位年近花甲的老人在房间里摆弄着一个挂在滑轮上的砝码，砝码上栓的绳子通过滑轮绕在旁边一个水桶上方的转轴上，随着砝码的下落，转轴被带动着旋转起来。转轴下方浸没在水中的部分连接着许多像桨一样的叶片，它们随着转轴的旋转不停拨动着罐子里的水。罐子是密封的，上面还插着一根温度计。老人不断地重复让砝码下落的过程，然后仔细地观察温度计的变化。这已经是他40年来第400多次重复这个实验了。其间，他不断地改变实验的材料和装置的结构，每一次得到的结果却都差别不大，而且随着实验的精度越来越高，实验的结果也越来越稳定在一个很小的范围内。终于，他可以信心满满地告诉大家，运动是可以转化成热的 —— 要把1磅（大约0.454千克）水加热1华氏度，需要772磅（大约350千克）的物体下降1英尺（大约30.48厘米）。

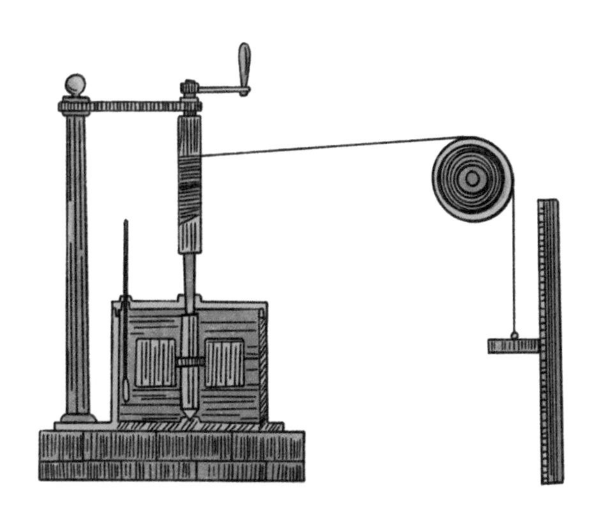

这位花费40年时间重复一个实验的老人就是英国的物理学家焦耳，他在100多年前，用当时简陋的器材所测定的物体运动转化成热的“热功当量”，和今天高精度的测量结果之间只有百分之一左右的误差。在迈尔、焦耳等科学家的努力下，人们逐渐揭示出本宇宙最重要的一条规律——能量守恒定律。

一、功和能

“能量”这个词在日常生活中经常被使用。我们常说某人能量很大，来表示他能做很多事情；或是会在疲劳时告诉别人：“我没有能量了”，表示自己累得什么也做不动了……从这些话语中，我们就能体会出，“能量”就是能完成某项任务的能力大小的一种衡量标准。

物理学中把我们上文中完成的任务叫作“功”。比如赶上停水的时候提一桶水上五楼，就是一个把重物从低处提升到高处的做“功”的过程。具体说来做了多少功呢？计算的方式是用这个重物自身的重力乘以它被提高的距离。又比如我们把一箱行李从火车站拉回家，或是像焦耳那样用叶轮搅拌水，从物理的角度看都是做功。这些过程虽然复杂，但最终总能用一个力乘以一段距离的方式计算获得。

在“功”的物理概念基础上，“能量”作为一个物理概念就可以表达成：能量是物体的做功能力大小的物理量。收紧的发条可以驱动钟表工作，这是一个做功的过程，我们就说发条中具有能量；高处的水在流到低处的时候可以推动水轮机发电，这也是一个做功的过程，那么高处的水也有能量。所有能够驱动别的东西，或是自身能帮我们完成一些任务的东西，都具有能量。

二、能量的各种形式

自然界中能够“做功”，也就是帮助我们工作的东西很多，科学家们根据不同的存在形式或是工作方式把它们分成了许多种，生活中常见的能量有以下这些形式：

动能	宏观物体运动而具有的动能。比如你穿着悠波球高速跑向另一个同学，就有可能把他撞飞。
声能	物体振动而具有的声能。如果你在盆口蒙一张保鲜膜，在上面撒一点盐，然后对着它大喊大叫，就会看到上面的盐被振动得弹起来。
热能	微观上原子、分子运动而具有的热能。比如利用温差发电的装置就可以让热直接发电做功。
电能	电子运动而具有的电能。我们身边各种各样电器的工作其实大都依靠导线里的电子运动做功。
重力势能	物体因为在高处而具有的重力势能。比如高处的水流到低处可以驱动水力机械或者推动水轮机发电做功。
弹性势能	物体因为发生形变而具有弹性势能。比如一根被压缩的弹簧就能把木块弹起很高。
化学能	组成物质的原子之间形成化学键而具有的化学能。比如我们用的干电池就是利用化学反应来发电做功的。
静磁能	磁铁周围的磁场具有的静磁能。当磁铁靠近铁质的东西时，那些东西就会在磁场的作用下动起来。
辐射能	一些辐射所具有的辐射能。辐射能中最典型的例子就是光能，无论是太阳光、火光还是各种人造光源发出的光都具有能量，太阳能电池也是通过接收光的能量来发电做功的。

三、能量守恒定律

19世纪40年代，德国医生迈尔在旅行中发现，他的病人在天气热的时候血液的颜色好像比较深，他由此认为这可能是因为天气热的时候人体需要用来维持体温所消耗的氧比较少。经过思考和相关的研究，迈尔提出机械运动和热其实都是能量的不同表现形式，它们之间以一定的关系相互转化。前面提到的焦耳做了40年的实验，精确测定出联系热和机械运动之间转化关系的“热功当量”。德国科学家亥姆霍兹从守恒的角度分析和论述了各种不同形式的能量，发现各种不同的运动形式在相互转化的过程中存在某种不变的东西。1850年左右，英国物理学家威廉·约翰·麦夸恩·兰金最早把这个规律叫作“热力学第一定律”，后来英国物理学家威廉·汤姆逊，也就是大名鼎鼎的开尔文勋爵，引入“能量”的概念来描述这种守恒，于是便有了我们今天所熟悉的“能量守恒定律”。它通常可以粗浅地表达为：能量既不会凭空产生，也不会凭空消失，它只会从一种形式转化为另一种形式，或者从一个物体转移到其他物体，而能量的总量保持不变。

人类对热的认识伴随着蒸汽机的发明而突飞猛进。蒸汽机的巨大成功使有些人不禁去想，能不能制造一种少烧煤甚至不烧煤，却能源源不断干活的机器呢？许多人耗尽毕生精力，却始终没能实现这种“只让马儿跑却不给马儿吃草”的永动机，而能量守恒定律却正是在这样不断碰壁的过程中逐渐形成的。

1860年左右开始，物理学家们普遍承认了能量守恒定律，并把它视为物理学的基石之一。今天我们在面对一个未知的物理问题时，首先要考虑的就是能量守恒。比如有人声称往车里加水就能让车子行驶，而车内的发动机反应最终产生的依然是水。不论这个人的故事讲得多漂亮，理论说得多复杂，我们只需要考虑，车子的燃料是水，燃烧后产生的还是水，水所具有的能量并没有发生变化，车子却能行驶做功，那驱动车子的能量从何而来呢？由此就可以知道这个故事是不是忽悠人的了。

1. 我们每天学习、工作、运动所消耗的能量都要通过吃饭来补充，那么饭菜中的能量是从哪里来的呢？我们所消耗的能量又到哪里去了呢？

2. 寻找身边的能量来源，把它们记录下来，并说说它们可以用来做什么。

能量来源	可以做什么
电能	驱动各种家用电器
光能	可以让太阳能电池发电，可以让植物进行光合作用

⑮

宇宙的箭头 —— 热力学第二定律

每到期末考试成绩出来的时候，常常有一些同学会感叹："要是这个学期能重新开始就好了，那样的话我一定努力学习，考出一个好一些的成绩。"电影、电视或者文学作品中也常有类似的"穿越"回过去的场景。可这会引发一个著名的悖论 —— 外祖父悖论：假如你穿越回过去，到了你的外祖父还是小孩子的时候，意外引发了事故使外祖父不幸遇难了，那么你的妈妈也就不可能出生，那么你从何而来呢？

现实生活中从来不会发生这样的事情，时间总是如滔滔江水，一去不回头。不过人们还是难免好奇，时间为什么只会单向前进而不会后退呢？

除了时间之外，生活中其实还有很多事情是单向发生的。比如我们经常不小心把玻璃杯或瓷碗摔碎，却从没有见到过一堆碎玻璃会自动变成一只杯子；在一杯水中滴一滴墨水，墨水会渐渐扩散到整个杯中，让杯中的水变成墨水的颜色，却从没见过有颜色的水会逐渐恢复成无色，而其中的墨水会从分散的状态自发凝聚到一起。

这些现象背后隐藏着一条与能量守恒定律地位同样重要的物理规律。

一、可逆和不可逆的过程

上一篇介绍的能量守恒定律在热现象中称为热力学第一定律，也就是热能和其他形式的能相互转化时保持能量守恒。但在研究热现象的过程中，物理学家们发现并不是所有保持能量守恒的情况都会发生。

当两个温度不同的物体相互接触时，总是热的物体逐渐变冷，而冷的物体逐渐变热。在不施加其他影响的情况下，虽然两个物体的总热量依然守恒，可不会出现冷的物体变得更冷，而热的物体变得更热的情况。换句话说：热总是从高温物体自动流向低温物体而不会发生相反的情况。

此外，功和热可以相互转化。焦耳用40年的实验测定了功和热之间的“热功当量”。可是热和功的相互转化却是不对称的。焦耳实验中用做功的方式产生热，所做的功最终都变成了热；可是如果这个过程反过来，让一个物体的温度降低，用减少热的方式来对外做功（也就是热机所干的事情）时，总有一部分热会直接以热的形式跑到周围的环境里去，不会全部变成功。

也就是说，如果你像焦耳那样通过让重物下落做功的方式来加热水，然后再使用某种装置通过让水降温对外做功来举起重物，不论你的设备设计得多么精妙，都不可能把重物举回原来的高度，它总会比原来的高度低一些，所差的这部分能量则以热的形式直接逃散到周围的环境里去了。

以上这些只会朝着一个方向进行的过程被物理学家叫作不可逆过程；与之对应的满足能量守恒而正反方向都能进行的过程则叫作可逆过程，比如用绳子悬挂一只茶杯，轻轻把茶杯拉起来一点点后松手，然后你就会看到茶杯会来回摆动。

如果空气阻力很小，绳子也很细，这样摩擦阻力就小到可以忽略，茶杯每一次（至少在前几次）都会摆到差不多的高度。如果你仔细观察，茶杯从最高点到最低点的过程中高度降低而速度变快，重力势能转化成为动能；而茶杯继续摆向对面最高点的过程中，速度变慢而高度增加，如此往复循环。在这个过程中动能和重力势能之间的相互转化就是可以双向进行的，这是一个可逆的过程。

二、热机的工作原理

水力发电站是通过拦截高处的水，让它在流到低处时推动水轮机来发电的。而蒸汽机或者之后出现的各种利用热来工作的机器其实也都和水电站的工作原理类似，它们是通过拦截从高温流向低温的热，让这些热在流动过程中驱动机器来工作的。

那么不难想象，水电站能够发电，一定需要上游和下游之间有高度差，如果没有这个高度差，水就不会流动，也就无法驱动水轮机。

热机也一样，它一定要在有一定温差的两个热源之间才能运行。比如，大多数热机都是在我们烧油、烧煤产生的高温热源和相对低温的周围环境这个热源之间运行的。

在确定的两个热源之间，怎么样才能提高热机的效率呢？以蒸汽机为例，从最早的纽卡门蒸汽抽水机到瓦特改良的蒸汽机，对于研制蒸汽机的工程师而言，让机器烧更少的煤或油却能干更多的活是他们的毕生追求。

让水电站尽可能多地发电，最重要的当然是不能漏水，要让所有的水都用来推动水轮机，而不是从别的地方漏掉，什么活也没干就跑到了低处。

法国的天才工程师萨迪·卡诺设想了一种特殊的只存在于想象中的完美机器，它的运行过程非常缓慢，缓慢到机器的温度和周围的环境温度每时每刻都几乎一样，只有一个无穷小的差异，这样，这台机器就不会有热悄悄“溜走”，它工作的每一步就都是可逆的，可以双向进行，物理学家把这样的热机叫作“卡诺热机”。卡诺发现，以这样的方式工作的热机，利用热来干活的效率是最高的。

当然，一辆还没有人走得快的汽车是没啥用处的。现实中的热机不可能无限缓慢地运转，因而运转的时候也总会伴随着和周围环境之间的明显温差，让热不可逆转地跑掉。

对于两个确定温度的热源来说，所有现实中的热机干活的效率都只能尽可能接近卡诺设想的那个理想热机，却不可能超过它，这个规则也叫作“卡诺定理”。

三、热力学第二定律

可惜的是，卡诺在36岁时就因为霍乱而英年早逝。后来，克拉伯龙用不同的形式表达了卡诺热机和卡诺定理的一些内容。再往后，伟大的英国物理学家威廉·汤姆逊进行了深入的研究，加上德国物理学家克劳修斯的工作，和能量守恒定律同样重要的热力学第二定律终于被总结出来。

威廉·汤姆逊对热力学第二定律的描述是：不可能制造出一台效率为100%的热机，也就说是利用热做功时总会有一部分热悄悄溜走。

而克劳修斯对热力学第二定律的描述则是：不可能在没有外界帮助的情况下让热自动从低温物体流向高温物体。

这两种不同的表述方式是等价的。热力学第二定律告诉我们，让广袤的大海自动降低温度而提供能量给我们利用的机器是造不出来的，虽然这并不违反能量守恒定律。这类违反热力学第二定律的机器又被称为第二类永动机，也曾让许多人倾家荡产去尝试，结果无疑都是以失败告终。

到了19世纪末，统计物理学大师玻尔兹曼从原子、分子热运动的角度出发，重新阐释了开尔文和克劳修斯建立的这条定律。不过理解他的理论需要更多的数学和物理基础，在这里我们就不深入介绍，只需要知道一条：热力学第二定律是大量原子、分子热运动服从的一条统计规律。在此，我们粗糙地从玻尔兹曼的角度表述一下热力学第二定律：在没有外界“干预”的情况下，物体总会自发地从“整齐”变得“混乱”，就像操场上排列整齐的队列，如果没有老师不停地维持纪律，总会慢慢变得散乱一样。

宇宙中各种不可逆的过程，包括时间，它们的单向性背后都有着热力学第二定律的影子。

1. 许多人都希望时光能够倒流，让我们回到过去。可热力学第二定律告诉我们，生活中的许多事情都是“不可逆”的，你还能举出一些“不可逆”的例子么?

2. 在炎热的夏天，许多人都离不开空调。注意观察一下，不论窗式空调还是分体式空调，或者其他各种样子的空调，总是一部分在屋子里，一部分在屋子外。为什么要这样做呢? 在家长的允许和帮助下，试试看打开冰箱门来给屋里降温的想法可不可行，这么做会发生什么?（注意：一定要经过家长的同意，并在家长的带领下在冰箱里没有东西的时候尝试，千万不要擅自敞开冰箱门导致冰箱里的东西变质。）

⑯

“雷车动地电火明”——天上和地下的电

1746年的一天，巴黎圣母院前的广场上正在进行一个有趣的实验。上百个修道士手拉手在广场中围成了一个圈，负责实验的诺雷先生把一个玻璃瓶放在队首的修道士手中，然后让队尾的修道士触摸从瓶口中引出的金属丝。就在队尾的修道士触摸到金属丝的一瞬间，突然传来“啪”的一声，这些修道士有的跳了起来，有的发出叫喊，还有的人恐惧地看着那个瓶子。

秘密都源自那个玻璃瓶，那是人类发明的第一种储存电的装置——莱顿瓶。它事先由物理老师诺雷通过摩擦起电的方式充入了电。当队首的修道士用手接触瓶外壁，而队尾的修道士触摸接通瓶内壁时，通过瓶口引出的金属丝和手拉手的上百名修道士就形成了一个闭合的电路，瞬间的放电让所有人都明白了“触电”的感觉。

早在几千年前，人们就已经把天上的闪电视作神祇的威力。希腊神话中的众神之王宙斯就凭借雷电的威力坐上了奥林匹斯山的宝座。而在古代中国，人们也把雷击视作神明的惩罚。古籍中很早就有摩擦过的琥珀、玳瑁之类的东西会吸引羽毛之类的轻小物体这样的记载。不过谁也没把这种现象和天上威力巨大的闪电联系到一起。

今天，我们知道，用塑料尺在头发上摩擦后就可以吸引碎纸屑，在干燥冬天的晚上脱毛衣时经常会看到“啪啪”的火花，这些和天上的闪电一样，都是电现象。但这些看似没啥关系的事情，是怎么联系起来的呢？

一、电的名字和起电机

摩擦过的琥珀能吸引羽毛，天然磁石可以吸引一些小铁屑，这两种现象有什么不一样呢？第一个认真研究这件事的人是英国伊丽莎白女王的御医吉尔伯特。他在1600年出版的《论磁》中记述了一个巧妙的实验，就是把摩擦过的琥珀和磁石都放进水里，这时磁石还是会吸引铁屑之类的东西，而琥珀的吸引力则消失了。吉尔伯特由此判断，这是两种不同的现象。吉尔伯特给摩擦后的琥珀吸引羽毛的现象起了个名字——电（拉丁文electrica），这个词的词根其实就源自希腊语中的琥珀（ēlektron）。此外，吉尔伯特还发明了验电器等一些装置，并为携带电的载体起名为“电荷”，这都成为近代科学研究电现象的开端。

1660年左右，那位发明了真空抽气机、还在雷根斯堡做了著名的马德堡半球实验的马德堡市市长——奥托·冯·格里克开始对电现象感兴趣。他觉得摩擦琥珀获得的电太少了，于是便尝试做一个能产生更多电的装置。他在一个大玻璃瓶子里装入了一些硫黄块，加热融化后继续添加，直到最终玻璃瓶里被硫黄充满，再插入一根木棍做轴，然后让硫黄冷却凝固，最后打碎外面的玻璃瓶，得到一个有轴的大硫黄球，接着把它放在一个架子上，用摇柄转起来，另一只手则同时摩擦硫黄球，就这样源源不断地摩擦出电来。这就是最早的持续获得电的装置——格里克起电机。

二、莱顿瓶和风筝实验

德国人克莱斯特和荷兰莱顿大学的穆森布鲁克分别在1744年和1745年先后发明出了可以把摩擦产生的电存储起来的装置。这个装置是一个盛水的玻璃瓶，瓶子外壁包上金属，瓶口通过金属丝和瓶内的水联通，把瓶子外面的金属和大地接触，瓶内就能存储摩擦产生的电。这个装置因为莱顿城的名字而被命名为“莱顿瓶”。引子中巴黎圣母院前的“百人震”实验就是利用莱顿瓶来完成的。

有了莱顿瓶，人们就可以把摩擦产生的电收集起来进行更多的研究。天上的闪电和摩擦起电机在放电时那种“啪啪”的火花看起来很相似，只是规模大小不同，可怎么证实这个想法呢？1750年，美国的开国元勋之一，同时也是科学家的富兰克林提出一个想法，用放风筝的方式把闪电引到莱顿瓶里，然后看看闪电是不是和摩擦起电机产生的电相同。富兰克林提出这个实验方案后，两位法国科学家按照这个方法做了这个实验，他们看到风筝线连接地面的铁棒发出火花，同时莱顿瓶里充进去的电和摩擦起电机产生的电是一样的，这一点可以

通过莱顿瓶放电时产生相同的效果，比如产生电火花或者让人有触电的感觉来证明。后来，据说富兰克林也亲自做了这个实验，不过并不是像传言中那样手拿着风筝线，因为这太危险了——1753年，一位俄国物理学家就因为做相似的风筝实验而丧命。

风筝实验证明天上的闪电和地面上通过摩擦产生的电是相同的电，从此闪电不再神秘，人们可以探寻它的规律来趋利避害。随后，富兰克林就发明了可以使建筑避免被雷击的避雷针，还把电分成了两种并起了名字，这就是我们今天熟悉的“正电”和“负电”。

三、伽伐尼的青蛙腿和伏打电堆

虽然有了摩擦起电机和莱顿瓶来产生和储存电，但它们发电和存电的能力都非常差。1786年，意大利医生伽伐尼在解剖青蛙时，偶然发现当刀尖碰到已经死去的青蛙的腿时，青蛙腿突然动了起来。经过反复的实验，伽伐尼认为这是因为动物身上本来就会有电，伽伐尼称之为“生物电”。

伽伐尼公布的这个发现，引起了许多科学家的关注。另一位物理学家伏打在1792年重复了这个实验，但是他不同意伽伐尼的观点，伏打认为电是来源于两种不同的金属，而不是来自生物体本身。为了证明自己的观点，伏打花了好几年时间，尝试各种金属的组合方式，终于在1800年公布，在铜环和锌环之间夹上浸透盐水的棉布组成一个单元，然后把好多个这样的单元摞起来，就能形成一个可以持续对外供电的装置，人们称之为伏打电堆。这就是最原始的电池。这样一种产生电的能力既强又稳定的电源，为人们进一步研究电提供了好的条件，也为后来电气时代的到来铺平了道路。

从吉尔伯特系统地研究电现象开始，人们历经了400多年，才一点点揭开了电的神秘面纱。今天，我们知道，电现象归根结底源于组成物质的原子中有带正电的质子和带负电的电子。原子得到或失去电子后会形成带正电或负电的离子，各种电现象大都是这些带电的电子和离子运动的结果。

人类对电的掌握让我们在生活上获得了巨大的便利，夜晚有电灯照明，夏天有空调吹冷风，家里有冰箱保存食物。想一想，假如没有了电，我们的生活会变成什么样子？

⑰

引铁金不连 —— 从指南针到超导体

古希腊有一个关于牧人的传说，这个牧人叫玛格内斯，他在克里特岛的艾达山上时遇到了奇怪的现象。他鞋底的铁钉和手杖上的铁尖都被牢牢地吸在山上不能动弹。他想尽办法寻找原因，最终发现山上有一种很特别的石头，这种石头就是铁钉被吸住的原因。

古罗马的普林尼还讲述了另一个故事，在亚历山大城的一座寺庙里，人们用能吸铁的石头建成了一个拱形的屋顶，想要把用铁制作的皇后塑像悬挂起来。

今天英语中的磁铁magnet一词，是以古希腊的麦格尼西亚（Magnesia）命名的，因为那里出产铁矿石，历史上古希腊最早的天然磁石就是在那里被发现的。古希腊著名哲学家苏格拉底还描绘过磁石吸引的铁环能进一步吸引其他铁环的样子，就像我们今天可以用一块磁铁吸起一长串曲别针那样。

古代中国也很早就发现了天然磁石。早在两千多年前的春秋战国时期，《管子》《鬼谷子》《吕氏春秋》等书籍中就记载了磁石吸铁的现象，那时人们把它叫作“慈石”。汉代方士栾大用磁石制作围棋棋子时还发现，这些棋子之间不光可能相互吸引，还可能相互排斥，这是人类有关发现磁体有不同的极性的最早记录。

一、指南针与地磁

今天我们知道，磁体有两种不同的磁极，同性相斥，异性相吸。古人虽然还没有形成十分科学的认识，但已经在利用这种性质了。汉代王充在《论衡》一书中记载了“司南之杓，投之于地，其柢指南”，意思是把磁石制成的勺子放在地面上，勺子柄指向南方，这就是中国古代四大发明之一 —— 司南。

地球本身就是一个巨大的磁体，它和人们找到的磁石之间也会产生同性相斥、异性相吸的现象，所以如果把一块天然磁石挂起来，磁石的某一端总会指向一个确定的方向，能工巧匠们以向南的方向为勺子柄来雕琢磁石，一个古老的司南就制成了。

天然磁石加工起来很麻烦。到了宋代，人们已经懂得用人工制作的磁针来做指南针。中国现存的最早的官修兵书《武经总要》和沈括的著作《梦溪笔谈》中分别记载了把一个小铁片烧红后沿着南北方向放正，然后放进水中迅速冷却，从而利用地磁场来让铁片产生磁性的方法，或者用天然磁石摩擦铁针来让铁针产生磁性。

沈括在《梦溪笔谈》中记录，指南针“然常微偏东，不全南也”，这是因为地磁南北极和地理上的南北极并不完全一致，这是世界上最早的关于地磁偏角现象的记录。此外，《梦溪笔谈》还记录了4种不同的指南针放置方式：插在一根芦苇秆上漂浮在水中；用一根丝线吊起来；小心翼翼地放在碗边；轻轻放在指甲上。

二、物质的磁性和本源

《三国演义》中有一段精彩的故事，讲的是诸葛亮舌战群儒的场面，其中的东吴谋士们在诸葛亮前面纷纷败下阵来，让人觉得他们好像都是酒囊饭袋，没什么真本领。历史上真实的他们当然不是这样，其中一位叫虞翻的就是文武全才。《三国志·吴志·虞翻传》中有这样一句话："虎魄不取腐介，磁石不受曲针"，意思是摩擦后的琥珀（虎魄指的就是琥珀）无法吸引腐烂的草屑，而磁石无法吸引那些能够弯曲的针。古代那些能够弯曲的针是用一些比较软的金属制作而成的，通常是金、银、铜之类，而磁铁并不能吸引这些金属。

为什么磁石只能吸铁、钴、镍之类的物质，而不会吸引金、银、铜等金属呢？现代科学告诉我们，物质的磁性来源于其原子内电子的运动方式。我们可以把这些以不同方式运动的电子想象成一块块"小磁铁"。不过这些"小磁铁"在有磁铁靠近时，状态会发生不同的变化，进而导致它们组成的物质对靠近的磁铁有不同的反应，表现出来的现象就是不同的物质会有不同的磁性。

铁、钴、镍这类物质统称为“铁磁性物质”，组成它们的“小磁铁”在外围有磁石靠近时，会非常听话地按照磁石产生的磁场方向排列整齐，产生和磁石方向相同的磁场，靠近磁石一侧出现，和磁石相反的磁极则异性相吸，很容易被磁石吸住。

而铝、铂之类的物质属于“顺磁性物质”，在有外界磁石靠近时，组成它们的“小磁铁”只有一部分会“听话”，产生的磁场虽然和磁石的方向一致，但却很弱，基本表现不出磁性来。

金、银、铜这类物质则属于“抗磁性物质”，组成它们的“小磁铁”在外界磁石靠近时会有“逆反”的表现，产生相反的磁场和磁石对抗，它们不但不会被磁铁吸引，反而会产生排斥的力量。最厉害的“抗磁性物质”是超导体，它在温度低到一定程度后，会表现出完全没有电阻的“零电阻效应”，同时也会对外磁场产生强烈的抗拒力量（迈斯纳效应），足以把超导体托举在空中处于悬浮的状态。

三、磁性在现代科技中的应用

现代科技对物质的磁性质已有了很深入的了解和掌握，从而发

展出了很多提高我们生活水平的技术，比如核磁共振和磁悬浮技术。

核磁共振技术利用磁场和组成我们身体的原子、分子之间的相互作用来帮助我们“透视”身体里的各种组织、器官的状态，在不伤害身体的前提下发现早期的病变。

磁悬浮技术则是利用磁场之间同性相斥的性质把东西托举在空中，或者利用异性相吸的性质把东西悬挂起来。小到市场上常见的磁悬浮台灯、磁悬浮地球仪之类的小摆件，大到能以600千米时速运载旅客的磁悬浮列车，利用的都是这种技术。今天的磁悬浮技术主要还是依靠磁铁或者电磁铁来实现的。未来，科学家们希望能够在日常的温度下实现超导，进而利用超导磁悬浮制造更先进的磁悬浮列车。

从古到今，磁现象始终伴随在我们身边，但直到今天，其实科学家们对磁现象的本源还在探索之中，比如为什么一个磁体总是有北极和南极两个磁极，为什么没有像正负电荷那样只有一个极性的磁体？物理学家们至今还在寻找这种只有一个磁极的“磁单极子”，不过目前仍未找到。

科学小实验

动动手，试着制作一条“指南鱼”吧。

实验材料

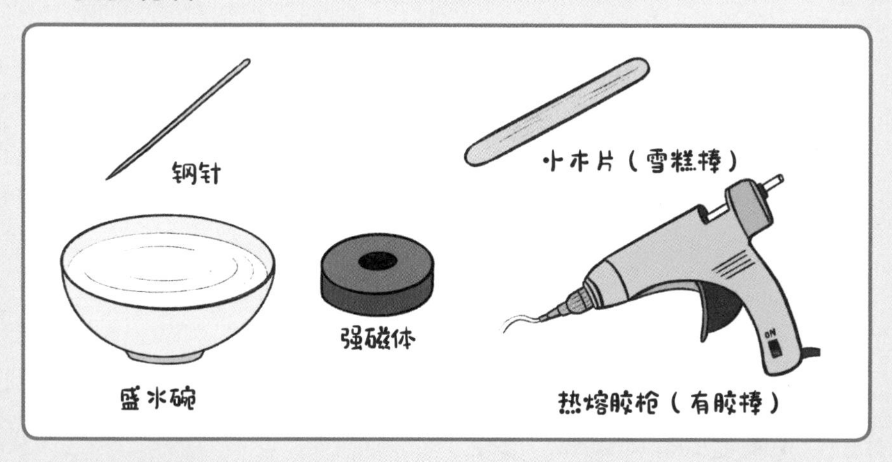

实验步骤

1. 用强磁铁在钢针上沿一个方向摩擦（不要往复摩擦）2分钟，使小钢针被磁化。

2. 将小木片漂浮在盛水的碗中，然后把磁化好的钢针垂直放在小木片上，适当调整钢针的位置以保持平衡。

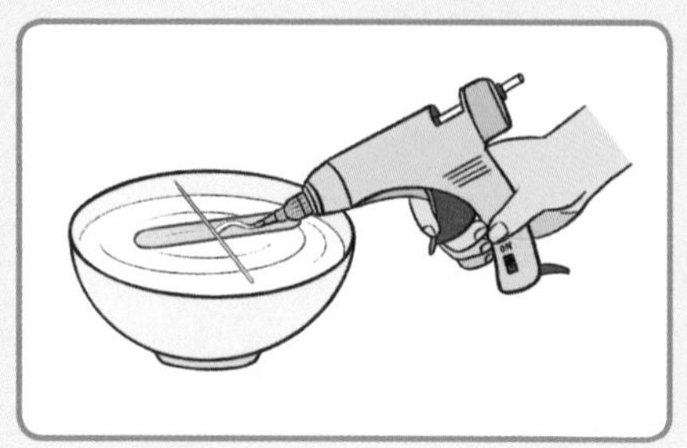

3. 用热熔胶枪把钢针粘在小木片上。

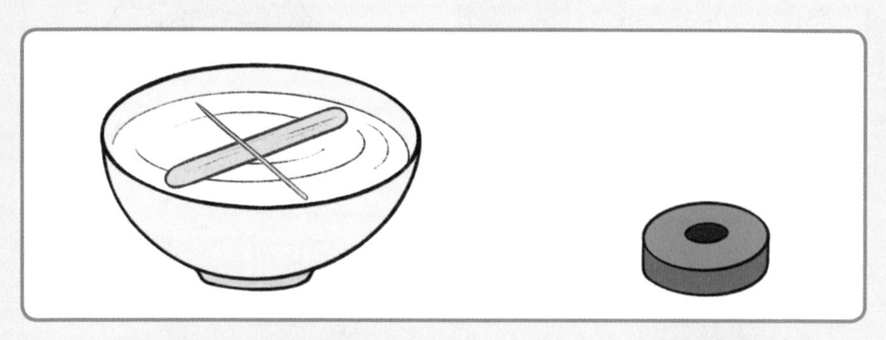

4. 将水碗放在远离磁铁或金属的地方，观察钢针，是否能够指向南方。

实验原理

钢针中有许多“小磁铁”的微结构，只是平时它们杂乱无章地堆积在一起，“小磁铁”之间的磁性相互抵消，所以看起来钢针没有磁性。当用强磁铁在钢针上沿着同一个方向摩擦时，钢针中的“小磁铁”在强磁铁磁场的作用下，逐渐趋向相对整齐的排列。多数“小磁铁”头尾相接，形成了一个“大磁铁”，钢针就变成了一根磁针，可以指南了。

⑱

电磁本一体 —— 电磁感应与电磁波

1887年的一天，在一间黑暗的屋子里，一对大铜球之间正在冒出火花，还不时发出“噼里啪啦”的声响。一个30岁的男子手中举着一个开口的铜环，在铜环开口处焊着2个小铜球，这2个小铜球之间有一点点缝隙。男子举着这个开口的铜环在屋子里走来走去，同时目不转睛地盯着小铜球之间的缝隙。突然，小铜球之间也闪起了火花，同时发出轻轻的“啪啪”声。大铜球之间放电的火花隔空影响了男子手上的铜环，使它们产生了火花。这个实验证明，世界上真的有一种能把电的力量隔空传递出去的东西。

前两章的内容让我们分别认识了电现象和磁现象，你应该还记得吉尔伯特在《论磁》中通过把摩擦后的琥珀和磁石一起放进水中的实验证明了电和磁是不同的现象。然而，随着近代科学研究的深入，电和磁之间逐渐显现了出千丝万缕的联系。

一、电能生磁

丹麦人奥斯特在1819年意外发现了一个有趣的现象，一根导线通电时，放在附近的小磁针突然发生了偏转。这个现象引起了这位敏锐的物理学家的注意。他先改变了导线的材料，后来又在导线和小磁针之间放上玻璃、金属板、木板等加以组合，发现小磁针依然受到了通电导线的影响。这一现象和当时大家普遍认为的电和磁没有关系的观念产生了矛盾，电和磁之间应该有着某种联系！

奥斯特的发现立刻吸引了许多物理学家的注意。法国物理学家阿拉果在看到通电导线周围的铁屑被吸引之后说："即便导线不是铁的，此时它也应该是个磁体。"1822年，英国物理学家戴维提出铁屑要在导线周围形成一个圆形的方案。法国物理学家安培随后制作了螺旋形的导线来研究其对小磁针的影响。他还发现，平行放置的两条通以同向电流的导线会相互吸引，而通以反向电流时则会相互排斥。经过深入的研究，安培提出了一个“安培定则”：右手握住通电直导线，拇指伸开，如果电流沿着四指的方向绕行，那么它们会产生沿着拇指方向的磁场；如果电流沿着拇指的方向直线流动，它产生的磁场则呈现出套在电流上的同心圆，方向沿着四指的指向。

二、磁也能生电

出身贫寒的迈克尔·法拉第是一个普通英国铁匠的儿子，他没有接受过系统的教育，十几岁的时候就开始打工糊口。他在做装订工的时候偶然读到了一些科学书籍，从此热爱上了科学。一个偶然的机会，他听到了大科学家戴维的演讲，并认真地做了笔记。后来他把笔记寄给了戴维，正好赶上戴维需要助手，认真努力的法拉第得到了这份工作，从此走上了科学研究之路。

法拉第虽然没有很好的教育基础，但是他有非常敏锐的洞察力和对物理的直觉，同时有很强的动手能力。他在奥斯特实验之后不久的1821年就做了小磁针围绕电流转动的“法拉第杯”实验。之后，他又做了许多实验，有的成功，有的失败。直到1831年，他突然发现在磁铁运动时，周围的线圈中产生了电流，通电线圈的运动或是电流通断的瞬间也会产生类似的效果。由此，他认为运动的电荷——电流会激发出磁场，而运动的磁场也会激发出电场，动电生磁、动磁生电，电磁感应定律被发现了（“场”这个概念也是法拉第第一个提出来的）。

掌握了电磁感应，就可以通过磁铁和线圈之间的相对运动来源源不断地产生电，利用这个原理制造发电机。今天我们生活中用的电，多数都是利用这种方式生产出来的。反过来，也可以通过通电让线圈和磁铁之间产生力的作用而运动起来。我们的电动玩具、电动自行车、电动汽车上使用的各种电动机（又称马达），归根结底也是基于这个原理被制造出来的。

三、麦克斯韦方程组和电磁波

1854年，一位刚刚从剑桥大学毕业不久的年轻人麦克斯韦读到了《迈克尔·法拉第：电学实验研究》，一下就被深深地吸引，从此开始了他和电与磁的“情缘”。法拉第因为没有非常深厚的数学功底，所以多用场、电力线、磁力线等一些形象化的方式描绘电和磁。麦克斯韦则因早慧而闻名，他在对电磁感应进行深入研究的过程中，系统地整理了法拉第和其他物理学家的成就，总结出了囊括电和磁各种现象的一组方程，这些方程经过后续物理学家的进一步简化合并后，形成了大名鼎鼎的“麦克斯韦方程组”（如下图）。

$$\begin{cases} \nabla \times H = J + \dfrac{\partial D}{\partial \mathrm{t}} \\ \nabla \times E = -\dfrac{\partial B}{\partial \mathrm{t}} \\ \nabla \times B = 0 \\ \nabla \times D = \rho \end{cases}$$

麦克斯韦还预言了电和磁在发生变化时，会在空间中激发携带着能量的电磁波，就像在平静的水面投下一颗石子引起涟漪那样。光这种看起来跟电和磁八竿子都打不着的现象，原来也是一种电磁波。

这个预言被本章引子中的那个实验所证实，做实验的那位30岁的男子是德国物理学家赫兹，那个实验就是大名鼎鼎的“赫兹实验”。今天我们的广播、电视、手机、WiFi等无线电通信，全都建立在电磁波的基础之上。

现在的你可能还看不懂麦克斯韦方程组，不过没关系，你只需要知道这4个简单的方程包括了经典物理中电和磁的所有规律，实现了电、磁和光的统一。麦克斯韦由此被视为介于牛顿到爱因斯坦之间最伟大的物理学家。爱因斯坦正是在麦克斯韦方程组的启发下开始了相对论的探索，并投入毕生精力试图像麦克斯韦统一电、磁和光一样，建立一套“大统一”的物理理论来统一解释自然界的各种现象，结果这个梦想爱因斯坦并没有完成，科学家们至今都仍在探索的征程中前进。

1. 声音是一种波，它是通过空气、水等物质来传播的，而电磁波虽然同样是波，却不需要媒介物质，能够直接在真空中传播。声波和电磁波有什么不一样呢？我们身边常见的现象中，哪些是声波？哪些是电磁波？

2. 找一找生活中都有哪些东西利用了电磁波，电磁波在其中起了什么作用呢？

物品名称	如何利用电磁波
WIFI	用电磁波传递信号
微波炉	利用电磁波加热

⑲

“小球”与“涟漪”——光的本性之争

我们在玩趣味问答游戏时常常会被问到：“早上起来你做的第一件事是什么？”有人的答案是“起床”，有人的答案是“上卫生间”，有人的答案是“吃早饭”……其实，最终的正确答案是“睁眼”。沿着这个思路我们不妨也来思考一个问题：你每天睁眼看到的第一个东西是什么？也许有人会回答“天花板”，有人会回答“我的闹钟”，也有人可能回答“咆哮着喊我起床的妈妈”。所有的这些答案可能都对，也可能都不对，因为睁眼最先看到的其实是光。

光对人类的意义重大。太阳的光芒照亮世界，带给大地明亮和温暖，催动万物生长，也让人们能看清周围的环境从而找到安全的藏身之所，或是找到回家的路；夜晚的火光则能帮助人们御寒，驱赶狼虫虎豹。总之，光常常给人带来安全感，所以，在地球上不同角落诞生的古文明的神话传说中，代表光明的神祇总是正面的形象，而在各国语言当中，“光明”这个词在绝大多数情况下都是褒义的。

我们每天都在通过光接收外界的信息，和大自然或我们的同类打交道。然而，光到底是什么，直到今天依然让物理学家们觉得困惑。

一、古代对光的认识

在古代，光总是和“火”或是“视觉”交织在一起的。今天光学对应的英文词汇Optics，其实也有“和看见、视觉有关的”含义。古希腊哲学家柏拉图、毕达哥拉斯等人认为我们之所以能看见东西，是因为我们的眼睛中伸出了像触须一样的东西，它们“探测”到周围的物体，然后把有关物体的形状、颜色等信息传递给我们。按照这样的说法，我们的眼睛伸出触须碰到了物体就“看见”了，这和

太阳、火把之类的光源没有关系，可在太阳落山后的一片黑暗中，我们就什么都看不见了，这又是怎么回事呢？

世界上最早正确解释黑暗这种现象的是春秋战国时期的墨家学派，在大约公元前380年左右成书的《墨经》中解释道，影子（黑暗的地方）是因为光没有照到，光照到的地方影子就消失了。除了对影子的解释，《墨经》中还有其他一些有关光的记述，内容包括了镜子成像的规律，光的直线传播以及小孔成像等现象。

墨子之后不到100年，古希腊数学家欧几里得在他的著作《反射光学》中，对光的传播、反射等现象都进行了记述。公元139年，古希腊天文学家托勒密测量了光射进不同材料时发生偏折的入射角和折射角的大小。古希腊和古代中国的人们都懂得制作镜子，不仅有普通的平面镜，还有用来聚焦太阳光取火的凹面反射镜以及利用冰、水晶、玻璃之类的透明物质制作的凸透镜，同样可以聚焦太阳光取火。

总之，古人虽然不清楚光到底是什么，但是对光沿着直线传播，光在水面或镜面上的反射现象，光射入水中发生偏折或是经过冰、水晶凸透镜发生聚焦的折射现象等都有研究，并且掌握了一些基本的规律。

二、“小球”与“涟漪”之争

望远镜的发明让天文学家们能够观察到更多不曾看到过的天文现象，比如伽利略用望远镜看到的木星的卫星，就为哥白尼的日心说提供了强有力的证据，也推动了现代科学的启蒙。开普勒、笛卡尔、惠更斯、胡克、牛顿等科学家们都写过专门研究光现象的著作。17世纪，牛顿通过三棱镜实验发现白光原来是由许多不同颜色的光组成的复色光；斯涅尔提出了光在两种不同物质的界面上发生折射时所遵循的折射定律；而费马则提出了光在传播、反射、折射等过程中总是沿着一条最近、最远或某一确定极限值路线的费马原理。这些知识、定律和原理我们至今还在使用。

随着对光现象研究的深入，越来越多的人开始思考光到底是什么。

荷兰物理学家惠更斯觉得光应该像水面上的涟漪那样是一种波，但牛顿不同意他的观点，而是觉得光更像一些弹性的小球，光在镜子上的反射看起来和一些弹性特别好的小球碰到墙壁反弹非常相似。因为牛顿当时在物理学界的崇高地位，大家普遍接受了牛顿的观点，觉得光就是一束弹性微粒组成的粒子流。

牛顿的观点统治了物理学界100多年，直到1801年，一位英国医生、物理学家托马斯·杨的一个实验对光是粒子的学说提出了挑战。这就是著名的杨氏双缝干涉实验，实验的具体步骤是这样的：在一个光源前放一块挡板，挡板上有一条窄缝让光源发出的光透过，然后在后面再放另一块挡板，挡板上有两条相距很近的窄缝，它们之后是墙面。如果光是由一束“弹性微粒”组成的，那么光源发出的光经过这样一组挡板，最终在后面的墙面上应该只有两条窄缝对应的亮线；可实验结果却和这个猜测大相径庭，墙面上出现了好多道条纹。这样的现象只能用光是一种波的假设来解释才合理，可是当时因为牛顿的观点已经根深蒂固，大家很难接受托马斯·杨的观点。失望的托马斯·杨后来放弃了光学研究，转而解读了著名的罗塞塔石碑上的古文字，这也说明了聪明人果然到哪儿都会发光！

十几年后，法国科学家菲涅尔将一百多年前惠更斯有关光的波

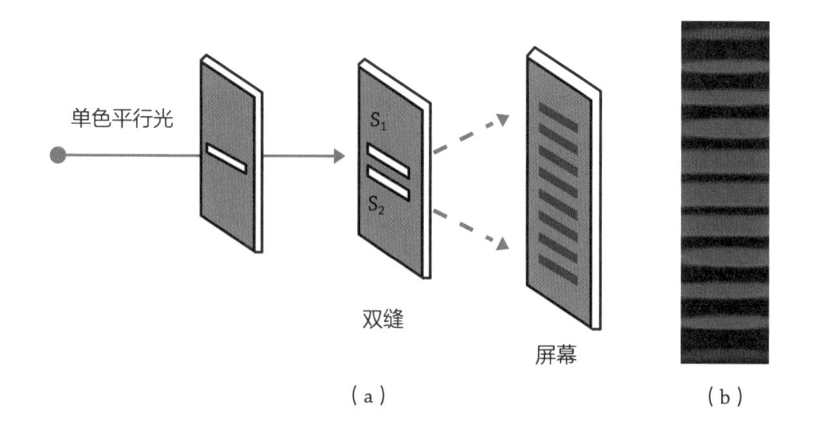

（a）（b）

动理论进行了扩展和完善，提出了惠更斯-菲涅尔原理，完美地解释了光的反射、折射等这些原来让人们觉得光是“弹性微粒”的现象，同时还能解释诸如杨氏双缝干涉实验、泡泡上的薄膜色等等微粒说不容易解释的现象，加上马吕斯发现光还有偏振这种只有波才会有的特性（我们今天戴的偏光墨镜利用的就是这个原理），人们开始逐渐接受光是一种波。

三、光的波粒二象性

光是一种波，可它是什么波呢？这个问题又等了几十年才有人解决。前面我们提到了，19世纪70至80年代，伟大的麦克斯韦建立了统一电和磁的麦克斯韦方程组，预言电和磁发生变化时周围会有电磁波，而光也是一种电磁波。1888年的赫兹实验证实了电磁波的存在，随后经过物理学家们的不断努力，光是一种电磁波的观念深入人心，一套完备的理论也随之逐渐建立起来。直到今天，我们还在使用这套方法解决各种光学问题。

本来麦克斯韦方程组的建立以及赫兹实验对电磁波的证实，应该标志着光的波动理论的最终胜利。然而“祸兮福之所倚，福兮祸之所伏”，同样是在证实电磁波存在的赫兹实验中，赫兹还发现了一个有趣的现象：当他拉开窗帘，外面的光照到他手中的开口铜环上时，铜环缝隙间更容易产生电火花。后来，我们才知道这个现象源自光电效应。光电效应是指一束光照在金属表面的时候，有时会把金属表面的电子给“撵”出来，奇怪的是发生光电效应的条件是必须满足“颜色”的要求，比如一定要用蓝光才能“撵”出金属的电子，而无论用多强的红光去照射都没有效果。

光的波动理论在解释光电效应上遇到了难以克服的困难，到了1905年，另一位伟大的物理学家爱因斯坦提出，光并不是一个连续的波，而是“一份一份”的，后来这个“一份一份”的概念被称为“光量子”。物理学家不得不做出一个妥协，就是光是一种奇怪的东西，它的行为有时像水面上的波浪，有时又像牛顿所说的弹性小球，我们姑且称之为“波粒二象性”（其实光和水面上的波纹，和实体的弹性小球都有着本质的区别）。

大家都很熟悉“盲人摸象”的故事；有人摸到了大象的腿，于是说大象像柱子；有人摸到了大象的耳朵，于是说大象像蒲扇。其实它们都只是大象的一部分特征，真正的大象还需要更多摸索才可能逐渐被更全面地了解。人类对光的探索同样如此，不论是牛顿说的弹性微粒，还是惠更斯和菲涅尔说的波，或是麦克斯韦说的电磁波，直到爱因斯坦说的光量子，以及今天我们说的这个奇怪的“波粒二象性”假说，它们都只是光的一部分特征。光到底是什么？我们还需要更多的探索才可能更接近答案。

直到今天，科学家们对光的探索还处于不断深入的过程中，人类还没能彻底揭开光的神秘面纱。光有的时候像“小球”，有的时候像“涟漪”，有的时候甚至还会表现出更奇怪的“纠缠”。想一想你见过的光现象，哪些比较像是“小球”的行为？哪些比较像是“涟漪”的样子呢？

⑳

色彩的秘密——颜色的物理与生理效应

不知你有没有想过这样一个问题：像老虎那样一身金灿灿的皮毛，是如何在森林中绿色的草丛、灌木中隐藏身形而不被它们的猎物发现呢？原来老虎的猎物们——大多数的哺乳动物都是色盲，在它们眼中，丛林中的草丛、灌木的颜色和老虎身上黑黄相间的皮毛并没有明显的区别，所以老虎才能顺利地捕食。如果那些哺乳动物和我们对颜色的感觉一样，老虎那身威风凛凛的黄黑相间的花纹，老远就会引起它们的注意，那它们就会早早逃走，老虎就只能饿肚子了。

从牛顿让一束白光通过三棱镜后呈现出一道“彩虹”的实验开始，人们知道了原来白光是由许多颜色的光组成的复色光。可是颜色到底是因为什么产生的呢？为什么我们所在世界的颜色是如此丰富多彩呢？

一、物理上的“颜色”

虽然我们通过上一篇的内容已经知道了光的波粒二象性，但这并不影响我们在解释日常生活中的各种光学现象时，将光简单地解释为一种电磁波。电磁波每秒振动的次数被称为频率，而电磁波在振动一次的时间内传播的距离叫作波长。物理学家们喜欢用波长来区分不同的电磁波。我们生活中常遇到的电磁波按照波长从长到短的顺序，大致有用于航海通信的长波，用于播放广播的中波、短波，微波炉产生的微波，所有有温度的物体都会发射的红外线，我们肉眼能看到的可见光，消毒用的紫外线，医院透视用的X光，以及波长最短、能量最大的伽马射线。

我们的眼睛能看到的光其实是波长从大约400纳米（1纳米相当

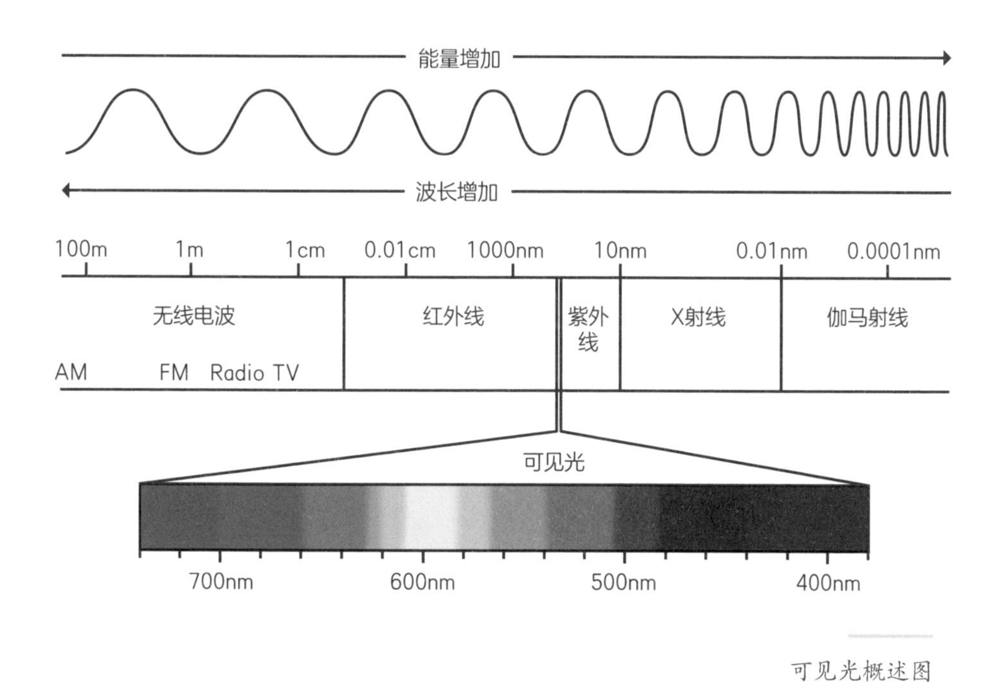

可见光概述图

于十亿分之一米）到760纳米的很窄的一部分电磁波。不同波长的光进入我们的眼睛会让我们感觉到不同的颜色，通常说的红橙黄绿青蓝紫的颜色和电磁波波长的对应关系如下表：

可见光的七彩颜色

光色	波长（nm）	频率（Hz）	中心波长（nm）
红	770—622	3.8×10^{14}—4.8×10^{14}	660
橙	622—597	4.8×10^{14}—5.0×10^{14}	610

（续表）

光色	波长（nm）	频率（Hz）	中心波长（nm）
黄	597—577	5.0×10^{14}—5.4×10^{14}	580
绿	577—492	5.4×10^{14}—6.1×10^{14}	540
青	492—470	6.1×10^{14}—6.4×10^{14}	480
蓝	470—455	6.4×10^{14}—6.6×10^{14}	460
紫	455—380	6.6×10^{14}—7.9×10^{14}	430

二、视觉颜色的形成

我们人类的视网膜上有4种不同的感光细胞，其中1种柱状细胞主要负责在光线比较弱时的视觉，比如在晚上或黑暗的电影院里，我们只能看出物体的轮廓和明暗，基本上感觉不到它们的颜色。另外3种锥状细胞则负责感知颜色，在外界光线比较亮的时候，这3种细胞就会发挥作用。它们分别对不同波长的电磁波有着不同的敏感程度（具体3种细胞对不同颜色光的敏感曲线如图所示），外界的光照在3种不同的视锥细胞上，3种细胞会分别产生不同程度的神经信号发送给大脑，经过大脑的处理后，就形成了丰富多彩的色觉。

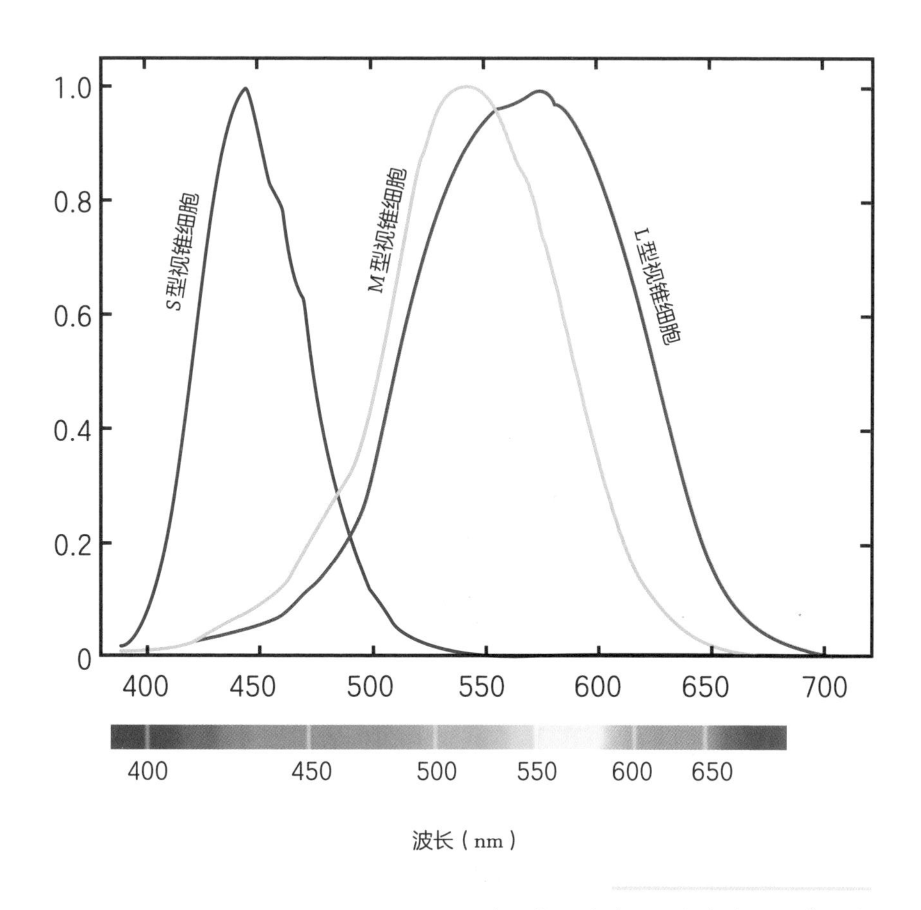

3种视锥细胞对不同颜色光的敏感曲线

三、加法混色与减法混色

目前，人类的意识是如何形成的还是科学上的未解之谜，因此有关我们对颜色的感知是如何形成的更深层机制我们还不了解。但

是我们已经掌握了一些基本的规律，比如如何用几种简单的颜色，调配出我们希望得到的多种多样的颜色。这个配制颜色的过程又称为“混色”。常见的混色方法有两种，一种叫作加法混色，一种叫作减法混色。

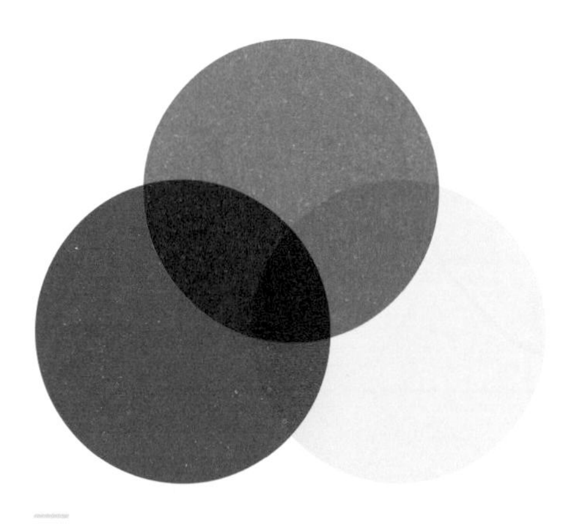

减法混色

加法混色

加法混色只是把不同颜色的光叠加在一起，比如分别把加法混色的三基色——红光、绿光和蓝光等量地照在同一面白墙上，那么三种颜色的光都能照到的地方就呈现出白色，只有两种颜色的光能照到的地方则分别呈现出黄色、青色和紫色。如果让三基色各自的强度发生变化，则又会出现更多其他的颜色。

早在彩色照相底片还没有被发明的时候，我们提到过的物理学家麦克斯韦就用普通的黑白底片拍摄了彩色照片。他利用的就是加法混色的原理，分别用红光、绿光、蓝光照明景物，然后用黑白底片分别拍下三张景物，在复现时用红光照亮用红光照明时所拍的底片，绿光、蓝光也照亮各自对应的底片，最后把三幅画面重叠起来，就形成了一张彩色的照片。

如果用放大镜观察手机、电脑或电视的显示器，你会发现，其实每一个像素点都是由红、绿、蓝三种颜色的发光点组成的，只需要调节三种光的不同亮度，就能够组合出丰富多彩的颜色。

减法混色则是用颜料调色时的常用方法。颜料自己并不发光，白光照在颜料上时，有些颜色的光被吸收掉，而剩下的没被吸收的光的颜色就是颜料的颜色。换句话说，颜料的颜色其实是从白光中减去一部分颜色得到的。比如绿色的颜料其实是白光中的红光、蓝光等成分被减去后得到的，而蓝色则是红光、绿光等成分被减去后得到的。

减法混色也有三元色——红色、黄色和蓝色。当把红色、黄色、蓝色三种颜色的颜料混合在一起时，与加法混色时红、绿、蓝三基色的光叠加出白色相反，红、黄、蓝色颜料各自从白光中吸收了一部分光，结果是所有的光都被吸收，混合的结果呈现出的将是黑色。

从某种意义上可以说，大自然真正存在的其实是不同波长的电磁波。而不同人、不同生物看同样波长的电磁波时，可能会产生不同的颜色感觉，就本章的引子中提到的情况，同样是老虎皮毛的颜色，我们人类感觉到的颜色就和其他哺乳动物感觉到的完全不同。可见，“颜色”不是个简单的物理现象，它还和生理结构有关。

1. 我们所看到的某件东西的颜色，其实是它发出或是反射进我们眼睛的光刺激了我们视网膜上的3种视锥细胞，由视锥细胞发出电信号给大脑，经过大脑处理后形成的视觉现象。那么，能决定我们所看到的是什么颜色的因素，除了这件东西本身，还有哪些因素呢?

2. 把一张圆纸片等分成许多扇形区域，给每个扇形区域涂上不同的颜色，然后用一根小木棍穿过圆纸片的圆心，再用热熔胶固定。随后用手搓动小木棍，让圆纸片高速旋转起来，看看此时圆纸片会呈现出什么颜色。多做几张这样的圆纸片，改变纸片上的颜色和各自所占区域的面积大小，再看看它们高速旋转起来时会有什么不同。